LOCUS

LOCUS

LOCUS

LOCUS

mark

這個系列標記的是一些人、一些事件與活動。

mark 170
我選擇勇敢：
Google 首位幕僚長的職涯高投報法則
作者：安・海亞特（Ann Hiatt）
譯者：史碩怡
責任編輯：張晁銘
封面設計：許慈力
內文排版：陳政佑
出版者：大塊文化出版股份有限公司
台北市 105022 南京東路四段 25 號 11 樓
www.locuspublishing.com
讀者服務專線：0800-006689
TEL：(02) 87123898　FAX：(02)87123897
郵撥帳號：18955675
戶名：大塊文化出版股份有限公司
法律顧問：董安丹律師、顧慕堯律師

總經銷：大和書報圖書股份有限公司
地址：新北市新莊區五工五路 2 號
TEL：(02) 89902588　FAX：(02) 22901658

初版一刷：2022 年 4 月
定價：新台幣 380 元
ISBN：978-626-7118-18-4
Printed in Taiwan

我選擇勇敢

GOOGLE首位幕僚長的職涯高投報法則

ANN HIATT

BET ON YOURSELF

安・海亞特——著　史碩怡——譯

獻給全世界的創業家。

目錄

推薦序：她一手打造的團隊優秀到我無地自容

——艾瑞克・施密特 Eric Schmidt
「Schmidt Futures」共同創辦人，Google 前任執行長及執行董事長

新冠肺炎（COVID-19）疫情廣泛蔓延時，許多事情都失去了控制，相信大家對此感受都還記憶猶新。隨著病毒在全球擴散，生活中許多被視為理所當然的事已不復存在，不管是在辦公室工作、和心愛的人聚會、參加各種活動或旅行，全都隨風而逝，當務之急是想辦法保持健康。寫這段序言時，由於科學、科技的進步及救命疫苗的發明，我們終於可以不再如此憂心忡忡。大家開始找回生活的控制感，而接下來的這段時間，將可能迎來百年難得一見、再次突破創新的機會。

我們該如何把握良機？換個方式說或許會更好懂：「我們需要的是建議。」安．海亞特是我之前的幕僚長，同時也是我的摯友，她在這本書中提醒我們：「不管是有意或無意為之，如轉軸般快速目標調整[1]是人生與職涯上不可或缺的一環。」不斷改變是唯一不變的事，雖然我們在疫情後所推動的「目標調整」確實將寫下歷史，但絕不會是人生中的最後一次改變。

如果想將這些調整後的目標轉換成各種機會，就必須重新構想各種可能並擬定策略，且這些策略必須反映出基本原則、重新思考優先要務、問問自己真正重視的價值和背後的原因，這可不是項簡單的任務。本書有許多精彩故事，描繪出何謂充滿變化、挑戰和使命的人生，並提供了實用的建議，告訴我們如何在生命中找尋意義，這正是我們現在所迫切需要的。在這個失控時代，書名開門見山，說出了最一針見血的建議：「賭自己一把」（編按：此處施密特指的是本書英文書名 *Bet On Yousel*f 直譯，為賭上你的一切，篤信自己，放手一博之意。）。二〇〇六年，有位不輕言放棄的招募專員打電話給安，當時她正兢兢業業地努力著，一心想成為斯堪地那維亞學的教授，從沒想過要當什麼Google 幕僚長、演說家還是領導策略家。這位招聘人員打了三次電話，安才勉強同意去參觀 Google 園區，壓根沒想過要中斷博士學程。好在堅持不懈是有回報的，安在參觀後決定**賭自己一把**，相信自己就是我們團隊在等的那個人，為了完成使命，和我們一同迎戰我個人事業和 Google 歷史上最重要的那幾年。她押在自己身上的賭注，徹底改變了未來的樣貌。

還沒和我一起工作之前，安早就盛名在外，她追求卓越但不自尊自大，永遠做好萬全準備，且向來都是團隊搭載的戰力倍增器。這項能力其來有自，她出身愛達荷務農家族，是七個兄弟姐妹的老大，爸爸又是駐阿拉斯加 F4 幻象戰鬥機的空軍駕駛員。安可以做到分身有術，一邊管理倫敦和紐約的專案，一邊領導我們加州總部的團隊。最難能可貴之處在於，她還會充分賦權並提升團隊成員追求卓越的能力。

安怎麼辦得到這麼多事，至今仍是一團謎，不過讀了這本書，她的工作方法和奉獻

1.（譯註）如轉軸般快速目標調整此處原文使用「pivot」一字。在艾瑞克．萊斯的《精實創業》一書，此字譯為「軸轉」，意指在初創事業之時利用「開發–評估–學習」的循環機制，在發展過程中做經常性的調整，藉以找出公司方向何時需要轉彎。此譯法雖有人引用，但在台灣仍不算普及，加上本書是將此概念運用在「人」身上，而非公司或產品，因此考量到譯文的可讀性，選擇譯為「目標調整」，特此加註。

投入就都躍然紙上了。她在每個章節一一說明了在職涯上遇到的不同案例和商業教訓，接著透過「高投報夢想衝刺計畫」（ROI sprint）單元，邀請讀者在實際生活中主動尋求良機、思索對策並採取行動，創造更有意義的職業和個人生活。高投報夢想衝刺計畫證明，我們在矽谷學到的經驗適用於任何領域。

如果你和我們一樣，想要運用現有機會來重塑並實現新目標，就萬萬不能錯過本書。安和我共事三年後，某天她走進我的辦公室，決意為事業邁出一大步，告訴我她覺得自己準備好成為幕僚長了。她習慣設定好六個月或一年後的明確目標，但這次和之前不一樣，當時根本沒有「幕僚長」這個職位，所以她自己發明了這個詞，規劃出詳細的職位藍圖，包括工作內容和需開發的相關技能，目標是協助公司營運更上一層樓。老實說，在看過《我選擇勇敢》前，我根本不知道安做的那些雜務以及無窮無盡的試算表究竟有多重要，那全都是她為了做出實際貢獻，絞盡腦汁找出來的新方法。不論在哪個產業類別工作，每位讀者皆可依照她列舉的範例，積極主動地安排自己的職涯發展與自我成長。今日，「幕僚長」已是科技產業的基本標配。

本書也談到我們曾犯過的大大小小錯誤，有些攸關重大，有些現在只會一笑置之。在讀到安討論到自己建立抗壓韌性的方式那段，包括她堅持每天早上運動的習慣，我自己想到了一件可當作笑談的趣聞，安應該是為了我的面子沒把這件事寫出來。當初我也立志要在任期內瘦身，所以加入了她一早的高強度間歇訓練課程，上課地點就在公司的停車場，早上上班的同事人來人往。就在那天，同事親眼見識我如何體現 Google 的名言：「**及早失敗、勇於失敗。**」在緩緩升起的陽光下，大家都看見我完全無法跟上訓練速度。雖然隔天我就沒去上課了，但安說的對，挑戰自我確實能提升抗壓韌性，所以我們才都需要嶄新挑戰。

在擔任了十年的 Google 執行長後，我於二〇一一年轉任執行董事長一職，此時抗壓韌性已是必備條件，我也想藉此機會重新發想我認為領導者應具備的特質。我原先的直屬員工都承接了新職務，只留下安和我一起展開這項新任期，她成為我唯一的直屬員工。組織重組後，安光靠一個小小的團隊，一手打造出一套「**優秀到我無地自容**」的運作模式。她會在本書的每個章節，一一敘述自己是如何辦到的，從組織架構到人員招募，以及堅守同心協力與分享資訊的重要理念。

我們成功的關鍵在於，團隊十分清楚彼此在同一艘船上，且隨時願意支援彼此。二〇一七年的某天，我正準備要發表一場演說，而下一位講者是剛當選的法國總統艾曼紐．馬克宏（Emmanuel Macron）。當時安發現我有些心神不寧，和平常不太一樣。我承認，當時我確實有些坐立難安，那是場倍受矚目的活動，全世界正面臨重大轉變的關頭，未來充滿不確定性。儘管有違直覺，但針對大家擔心的主題，特別是有關科技飛速進展的這塊，我還是希望大家要抱持信心。好在安從容不迫的態度和同「團」一命的信心讓我的心靜了下來，終究是好好地向聽眾傳遞出這些必須被聽見的訊息。

比爾．坎貝爾（Bill Campbell）是矽谷許多數一數二重要高階主管的教頭，他曾告訴我：「頭銜只能讓你成為主管，但團隊才能讓你成為領袖。」當我們努力推動軸轉、調整目標，在後疫情時代尋求創新突破之際，全世界都需要優秀的領導者。安．海亞特之所以能在職涯中一直致力於激發自己和隊友最好的一面，我認為《我選擇勇敢》就是最好的解釋。

前言

二〇〇三年，我差點殺死了傑夫．貝佐斯（Jeff Bezos），謝天謝地，這不是那個故事和我職涯的結局。

我將在本書與各位分享事發經過，還有在別處聽不到的獨家故事。這段獨一無二的時間與一群無可比擬的大咖們，交織出我非比尋常的職涯。我曾待在不只一位，而是三位舉足輕重的執行長身邊十數年之久，他們奠定了亞馬遜（Amazon）與 Google 的根基。或許你拿起本書只是想看看與這些極具影響力的企業和重要人士有關的故事，了解一下矽谷絕無僅有的特殊環境，但我希望書中提到的經驗和靈感，會讓你想再三閱讀，且有天能喚醒你生命或職涯中那些無以名狀的渴望。

此書也是希望告訴大家，為什麼三位執行長：傑夫．貝佐斯、梅麗莎．梅爾

（Marissa Mayer）以及艾瑞克．施密特（Eric Schmidt）會在公司兵行險招和快速成長的關鍵時刻，選我當他們的左右手、執行他們心中的願景。我會和大家分享我如何調整自己的工作和合作風格，協助這些一舉一動都足以影響全局的執行長發揮最佳表現。另外，我還會告訴大家我是如何讓自己發揮如催化劑般的效果，在合作的過程中輔佐他們實現空前絕後的偉大成就。寫這本書就是因為我也想要助「各位」一臂之力！

本書的核心靈魂是以個別貢獻者為主軸，我想帶各位暫時忘卻眼下這段困頓時光、重新掌握命運、重新投資並重塑自己。只要你眼明手快，機會俯拾即是。

如果你身居領導職，本書不只以實例說明許多絕妙的領導模式和最佳做法，全都是我在跟過的執行長身上所學所聞，還會詳述你希望吸引、鼓勵與投注資源的員工類型，進而找出專屬於你的戰力倍增器，發揮工作的最大效益。我在 Google 待了十二年，對科技業來說就跟百年一樣！之所以能待這麼久，主因是我在這裡可以不斷為自己突破創新，完全不需要外求升遷或學習機會。書中還會跟各位說，要提供什麼樣的環境才能讓像我一樣的員工，持續精進自身並產出最佳成果。

我的故事就是一次次反覆地嘗試與失敗。本書紀錄了我的事業旅程，我不僅見證了網際網路起步之初創下的歷史，更鼓起勇氣參與其中。我必須承認，運氣和特別待遇為我的進程打下了穩固基礎。我很幸運，出生的家庭有能力鼓勵並投資我接受教育，又在良好的環境中長大，創新時刻在身邊發生，就連我標準的斯堪地那維亞長相也讓我的辛勤付出更容易獲得回報，這些都不是靠自己的力量得來的。但不管你來自何方，我希望我付出的努力、多方嘗試的經驗和調整目標的方式，會對你的人生旅程有所助益並帶來啟發。

在詳述二〇〇三年我差點害死貝佐斯那災難性的一天前，我現在想要先跟大家說，在那場烈火般的考驗中，我發現面對挑戰時你可以選擇退縮逃避、接受失敗，或是選擇對抗壓力、挺身而出。我經歷過的冒險、挑戰、心碎、丟臉和勝利時刻，一次比一次極端，遠遠超乎我的想像。

你不用住在矽谷、直屬上司無須是億萬富翁執行長，也不必讀過常春藤盟校，照樣能打開通往夢想的大門，或是善用這些厲害人物的成功法則。這是寫給所有人的書，只要你擁有遠大夢想或相信自己注定成就非凡。

你渴望改變人生或有所建樹嗎？或許你剛開始第一份工作，正在思考如何以這份工作為跳板，朝夢想中的事業前進。或許你已工作了一段時間，開始考慮升遷或擔任領導職。又或許你的主要目標是希望有人鼓勵、認可及重視自己對公司的貢獻。身邊沒人理解你大膽無畏的雄心嗎？讓我助你一臂之力吧！

我會告訴各位如何在一開始看似有限的資源中，尋覓與探索晉升機會，以及如何擁有大無畏的變革者思維模式，鞭策自己擁抱並追求遠大夢想，絕不言退。

書中的案例都是我工作上的真實事件，不是因為我在這些事件中表現完美無缺，畢竟那些超級成功人士的豐功偉業無法使我們產生共鳴，只會覺得遙不可及，因此自然會直接選擇放棄複製他們的成功之道。我是希望透過自身的故事說明，如何將這些成功商業人士的最佳做法，轉譯成我們「普通人」可以善用的招數。事實上，你可以在個人目標和事業上如法炮製這些工作領導原則。

本書提供的觀點獨到，連我的前老闆們都無法媲美。我將他們的最佳實務抽絲剝繭，然後再把這些線索編排成完整的教戰手冊。沒有人像我一樣親眼見證了這三位呼風喚雨的科技業先驅，是如何順利克服那些無法重現的瘋狂挑戰和艱難時刻。

這本書不是要叫你崇拜英雄，因為和我合作過的那些企業和領導者皆非完人，我也不想假裝他們是。儘管如此，我還是從自身經驗中萃取出一些共通法則，為締造豐碩成果提供實際可行的範本。當然，如果你想看驚爆的內幕八卦，我可以保證，絕對沒有！

撰寫此書是因為我深信網路普及的重要性，且更多未得到充分代表的聲音應盡可能地獲得大眾重視。此外，我也堅信成功必須是眾人都能辦到之事，矽谷的成功寶典不應只保留給菁英人士。這些最佳實務可以幫助處於任何成長階段的人發揮潛力、成就不凡。

這個世界需要各位的程度更甚以往，我們需要你的加入，一同打造非你不可的未來；也需要更多不同的聲音、觀點、洞見與多元的經驗，才能建立充滿希望、歡笑與和平的大同世界。各位愈早加入打造新世界的行列，全世界的人愈快能一同受惠。

想要打造自己心馳神往的人生、成就引以為傲的傳奇，你只需要養成幾個固定的每日習慣。就算所處環境或職涯階段機會有限，你還是可以開創出令自己熱血澎湃的人生。接下來我會提供幾項實用工具，助你掌握人生與命運。

以下是本書的學習重點：

- 聚焦在自己的思緒上、把學習放在表現完美之前，以及在工作中找出意義和滿足感。
- 即便現在手上沒有太多正式職權，也要想辦法提升影響力。

- 建立同儕和前輩的人際網，好在你決定有計畫地冒險時，獲得支持和靈感。
- 發掘自己的領導力量、不斷追求成長，並主動加入切近自身價值觀的專案，讓人生充滿熱情與成就感。
- 根據自身的專業、自信與經歷，奠定穩固的基礎，進而從中汲取力量和確定方向。
- 找出一勞永逸的方法，不再陷入惡性循環，總是與晉升、資源、領導機會錯身而過，無法加入令自己滿腔熱血的專案。
- 學會做好「向上管理」，即便你一直在學習進步，同時間也要讓主管團隊和同儕清楚看見你的表現和潛力。

本書會一步步說明辨別、主導及掌握這些概念的流程，透過專屬的高投報夢想衝刺配方，讓你的雄心壯志和領導能力獲得認可，並累積適當的贊助者和指導者。

每個章節的結尾都會有「**高投報夢想衝刺計畫**」單元，透過提出充滿挑戰性的問題，協助你將該章節探討的商業課題應用在目前的人生中。「衝刺計畫」（sprint）是科技公司常用的做法，即透過一連串時間有限、主題明確的工作，針對複雜的目標進行開發、產出結果和持續發展的進度。馬拉松般的長期目標容易讓人望而生懼、不知從何著手，此時衝刺計畫就是我們循序漸進、步伐堅定地朝遠大目標邁進的方式，也是你逆向分析自己的登月夢想，並在工作中取得更多成就感的實用辦法。

我會告訴大家如何通往心目中的理想職涯，並擁有自豪、快樂且激勵人心的未來，讓你成為自己人生的英雄並為周遭他人帶來啟發。

準備好了嗎？是時候賭自己一把了！出發！

第一章：紮下穩固基礎

我是家中第一代沒有務農的子孫。不只沒有務農，我還在世上最具影響力的幾間科技公司打下一番事業，和最有權有錢的執行長們肩並肩打拼，跌破了大家眼鏡。我一直想擁有舉足輕重的人生和事業，但夢想成真的方式完全超乎預期。

幸福的秘訣在於從解決難題的過程中找出值得高興的事，我很幸運，身邊的人皆是如此，因此這個真理從小就深植我心。我的家族歷史有著數不清的勵志故事，大家在資源有限的情況下辛勤工作並運用創意分配資源，開創出充滿意義的歡快人生。我們家族從未出過特別有權有勢或家財萬貫的人物，但他們一直都能夠締造出遠大於各別加總的成果。

家人從小就教我，勤勞工作和遠大抱負加在一起，就能發揮指數般的加乘力量。回顧成長過程，我才發現自己早就做好準備，因此才能在異於常人的職涯發展中絕處逢生、發光發熱。

不論是什麼樣的人生、目標或成長階段，以下基本原則都有助於締造不凡成果：

- 了解勤勞工作和遠大抱負具有的指數級力量。
- 打造適合成長的環境。
- 擁抱漸進式的成長模式。

沒有任何生命是微不足道的，也沒有任何夢想是太過弘大、不值投資的。即使事業剛起步，目前工作又跟夢幻職業八竿子打不著，眼前就是最佳時機，請好好規劃屬於自己的地圖、尋找良機、把握升遷機會，千萬不要因為一時疏忽、準備不全而失之交臂。你要精心安排專屬於你的機緣！

如果你想知道我的人生為什麼能跟亞馬遜和 Google 的執行長建立密不可分的關係，就必須稍稍認識一下我這個人和我的成長背景。

了解勤勞工作和遠大抱負具有的指數級力量

我們家族出了許多夢想家。

童年生活無庸置疑地形塑了我的未來，不過我一直到現在才明白受影響的程度到底有多深遠。我是家中七個兄弟姐妹的老大，爸媽都是在愛達荷州的馬鈴薯農場長大，在那兒他們也牧羊。

我的曾祖父母來自斯堪地那維亞和瑞士，夢想著在美國能尋求更好的良機，全心相信自己有能力在新世界創造無限可能的人生。

我的爸爸格萊德（Glade）也是胸懷大志的人，在親眼看見辛勞務農生活對他的父親造成多大傷害後，下定決心不要把生活過得充滿壓力、隨時可能會得心臟病。他和另外三個兄弟都超級聰明，爸爸大學念會計，認為這是日後擔起家計的妥當選擇，卻不是他的心之所向。他想在空中翱翔，而且不是什麼飛機都好，一定得是戰鬥機飛行員。

要在飛行員訓練中不被刷下來，接著還要獲選為菁英畢業生才能當戰鬥機飛行員，成功的機率小到宛如天文數字，但我爸還是意志堅決、信心滿滿，相信自己可以克服所有困難。他的成功之路就是大膽無畏、目標明確的最好示範，他必須要放下自己熟悉的一切，賭自己一把，事實證明一切都是值得的。

我出生在佛羅里達州坦帕市的麥克迪爾空軍基地，當時爸爸剛完成飛行員訓練不久並獲選為F4幽靈戰鬥機的飛行員。出生在軍人家庭對我的性格產生了決定性的影響，我和我的手足在成長過程中都覺得自己沒有選擇餘地，必須想辦法適應各種狀況，且在面對無法預測的安排、任務和事件時，也只能自力更生、鼓起勇氣。

珍惜每日・呆頭鵝之女

我一歲的時候，全家跟著爸爸從佛羅里達轉調至阿拉斯加的安克雷奇，當時是冷戰緩和政策的最後幾年，我爸的中隊受命巡邏、保護阿拉斯加和蘇聯最東邊的領空。在我最早期的記憶中，我常常和妹妹拉德恩（LaDawn）站在後院仰望天空，看著從頭上飛過的戰鬥機，猜想哪架才是爸爸開的。

我們駐紮在阿拉斯加的時候，剛好有間電影工作室委外編寫一部關於戰鬥機飛行員的劇本，他們詢問美國空軍是否可以讓他們聽一下駕駛艙的對話記錄，以便更精準地重現戰鬥機飛行員彼此的對話方式。美國空軍同意了，並為電影工作室提供了我爸大黃蜂中隊（Hornets）的對話逐字稿。

過了幾年，當電影準備上映時，美國空軍突然反悔，擔心電影描述飛行員的方式，所以撤回了先前的許可，不准電影製作人把電影角色設定為空軍飛行員。不過美國海軍沒有這種顧慮，所以電影公司稍稍改寫了劇本。後來雖然沒有提及空軍，但原本的行話和在駕駛艙對話記錄裡聽到的飛行員代號都保留了下來。

那部電影就是《捍衛戰士》。爸爸的軍方代號就是呆頭鵝（Goose），而我整個童年都是和獨行俠（Maverick）、冰人（Ice Man）和其他幾位現在因為電影而小有名氣的隊員一起度過。我到大學前都沒看過《捍衛戰士》，一方面是爸爸不喜歡電影製作人把他的代號角色設定為領航員，然後還讓那個角色去領便當了，不過他很喜歡呆頭鵝是愛家男人的設定，跟他本人一樣。

身為呆頭鵝之女，無可避免地會帶來一些變化，像是勇於追夢，即便身邊的人，包括你自己都覺得你瘋了。我學會設定明確目標並日以繼夜地向之邁進，即便該目標看似不可能實現，但只要值得放手一搏就好。最重要的是，我學會了勇敢無畏。我們住在基地的軍官宿舍時，爸爸失去過好幾位相熟的中隊隊友，還有同僚在訓練時意外喪命。媽媽和我們說，每次看到軍官穿著全身正式軍裝來到我們的街區，她的心中就充滿了害怕，所有軍眷打開大門，恐懼感愈來愈深，希望這次不是自己家，千萬不要停在自家門前。

這些經歷在我的內心逐漸培養出珍惜每天得來不易的驅動力，更加留意自己如何善用所有時間。每一天、任何一天都不能浪費，每次的早安吻和擁抱都值得細細品味。

發揮創意．堅強抗壓

當年我爸在追尋兒時夢想、駕駛上千萬的噴射戰機翱翔天際並成為電影傳奇之際，我媽黛咪（Tammy）一個人守護著我們家，離她的父母、兄弟姐妹、親朋好友千百里遠，義無反顧地離開從小長大、位於愛達荷的舒適圈。但我媽從不逃避任何挑戰，她的雙親勤奮務農、積極參與社區活動、閒暇時間揮灑畫筆，創作一幅幅才華洋溢的風景畫，而她亦是如此。

她將自己在愛達荷家族農場上學到的經驗，完完全全地移植到我們小時候在阿拉斯加的家，包括勤勞、創意和社區參與的部分。她一手為街坊打造了幼稚園課程，一方面是幫助我們交朋友，一方面是建立起支援系統；她還去上了陶藝課，並以四週壯觀的荒野為靈感畫了許多油彩畫；沒事就帶我們去山中釣魚和採莓果，還會在我們的小鞋綁上鈴鐺，才不會嚇到山裡的熊。

在那些年中，我學會在處處受限的條件下，以實際行動打造充實豐富、鼓舞人心的環境。媽媽以身作則，教會我從平凡中創造不凡。

我的童年充滿無可比擬的冒險和非比尋常的挑戰，不管是幼時的自然環境，還是母親的教養方式，都是我重要人格特質的養分。身為空軍後代更是形塑了我的個性與直覺，讓我學會在未知環境和有限資源下更加足智多謀，而頻繁搬家更是養成了我適應變化和盡可能臨危不亂的能力。

雖然我天性害羞，但不知不覺間也愛上了冒險和探索未知，不會因此卻步不前。我原本在學校從不會主動舉手，即便我都知道答案，漸漸地也學會了克服自己在想出完美答案前，絕不大聲說出來的本能。當然，我肯定還有進步空間！有些天生的特質是我最大的優勢，有些則是至今為止都在努力修正的短處。

我的童年就是練習賭自己一把的最好示範。我爸經過深思熟慮、想清楚目標後，決定冒險犯難，離開熟悉的務農生活，準備好接受在飛行員訓練中勢必會遭受到的責罵、失敗和挑戰，而我媽則是要面對各種來自於軍眷身分的生活挑戰。他們都成功克服了挑戰並實現夢想，反觀身邊許多人卻因為太過害怕，連試都不敢試。

犧牲和成長是相輔相成的，我們必須足夠勇敢，才能放下手上既有的東西，努力追求未來更美好的事物。

羅伯．波西格（Robert Pirsig）在他的哲學小說《禪與摩托車維修的藝術》（*Zen and the Art of Motorcycle*）中講到了「捕猴陷阱」的概念，很適合用來闡釋我剛說的那項原則。要做這個陷阱，首先要拿一個挖空的椰子殼，裡面放滿了香噴噴的米飯，椰子殼的開口不能太大，讓猴子的手剛剛好可以鑽進去就好。猴子如果把手伸進去抓了滿滿一把米飯，握緊的拳頭就會變得太大而拔不出來，於是猴子被自己的選擇困住了，由於它不願意放棄到手的米飯，就只能和固定在地上的椰子殼一起困在原地。

人性亦是如此，我們常常不願放棄不甚滿意的工作、關係或責任，僅因為那是我們熟悉的環境，風險也遠低於重頭來過、犧牲安逸生活去追求更遠大的目標。我們常常牢牢握著象徵性的米飯，卻沒發現自己是拿寶貴的自由換取根本無福消受的東西。

從軍數年後，我爸毅然決然地離開軍隊，希望花更多時間陪伴家人，當時已有我們三姐妹，媽媽的肚子裡還有一個。爸爸必須賺錢養家，所以他考進了法學院，而為了維持眼前的生活，讀書之餘他還兼差當清潔工，和之前菁英戰鬥機飛行員的工作比起來，簡直是雲泥之別，但他願意做出犧牲，好為家庭創造更美好的未來。

這個示範對我來說也是影響甚鉅。已實現的夢想是如此美好耀眼，唯有足夠的謙遜和智慧，才能放手擁抱全新志向；如果一直緊抱著過去的輝煌不放，就會錯失很多樂事和機會。一旦在原地踏步太久，慢慢就會失去前進的動力。

打造適合成長的環境

我的野心向來大過與生俱來的天賦，而一直到最近我才發現，這是我一路走來最大的優勢。這種不平衡的狀態迫使我努力爭取自己急切渴望的一切，讓我慣於追求難以達成的目標。如果我天生才華洋溢，可能就會安於天命，不再督促自己有所突破。

「**安於現狀**」會失去「**追求卓越**」的動力。

接下來我們全家橫跨了半個美國，搬到全新的環境，這件事改變了我人生的方向。司法書記的工作結束後，我爸接受了一間位於西雅圖的律師事務所工作，但爸媽他們不想住在「大城市」，所以把房子買在華盛頓州雷德蒙德市一處叫做教育丘（Education Hill）的地方，我們從國小到高中都是就讀附近的學校。我們家有個超大的後院和花園，這對我爸媽來說非常重要。

這個無心的決定讓我得以成長於新數位時代的發源地，在一九八〇和九〇年代期間，周遭都是各種超乎常人的創業家和野心勃勃的思想家。爸媽壓根沒想過，離家不遠處的那些公司總部，日後會成為世上最成功的幾間企業。

身為七個兄弟姐妹的老大，這個角色的特質一直延伸至我成年、甚至是事業發展上。我一直是個有條有理、自動自發且善於當和事佬的人，因為這是在忙碌紛亂、步調快速的成長環境中被聽見的唯一辦法。

我的父母都是農場長大的孩子，他們教會我工作的倫理以及追求完美和遠大夢想的動力。我的左腦分析能力和勇於設定目標是遺傳自爸爸，而情商、發揮創意解決問題以及懂得同理處境艱難的他人等能力，則是來自媽媽。

完美症頭．勇敢克服

我從小就很嚴肅，而且很早就開始自我批判，自我要求常常高於父母為我設下的標準。我追求最優異的成績、要當學校話劇的主角、想成為頂尖的芭蕾舞者，最後則是考上最頂尖的學校，因為如此一來我自然能拿下影響力遍及全球的工作。

起初，夢想和天賦間的落差讓我動彈不得。我一直覺得自己必須付出雙倍的努力，才勉強比得上同學，這種想法讓我感到侷促不安、自我懷疑，只想躲在人群後面。或許大家在青少年時期都一個樣，但對我來說就像武功盡失一樣。我的內心一直有種力量，驅使我比任何人都更加努力，好彌補自己天賦不足的缺憾，只不過一開始我連相信努力可以帶來改變的自信都沒有。我媽那時會設好凌晨一點的鬧鐘，不是要檢查我有沒有溜出去和朋友玩，而是要確定我已經放下回家功課，好好上床睡覺了。

我那時相信做任何事都要有明確目的，雖然有時候自己都覺得有點太過火了。我心中一直充斥著想要更多的熱切渴望，而我可以想像，這對不具優勢和資源缺乏的人來說更是如此吧。我就像我爸一樣，他最初只是個農夫，在太陽還沒升起前就要為乳牛擠奶，甚至連戰鬥機都沒親眼瞧過，但當時便已立志要飛戰鬥機。

如果不是遇到一位非常特別的老師，我可能一輩子都將如此，鎮日擔憂自己永遠不會有任何特殊成就或重要作為。我國中合唱團指揮老師朗．曼哈（Ron Mahan）為我的人生帶來了深遠影響，他看見我的恐懼並鼓勵我克服它，協助我切換至成長心態，相信才華絕非命定，只要努力就會進步。在八年級接近尾聲時，我的社交焦慮來到了最高峰，當時我正要請老師在畢業紀念冊上簽名，結果他直接拿出事先寫好的卡片放了進去。

他在卡片上鼓勵我自信迎接每項挑戰，不要預想失敗的可能。在那之前，我從未注意到我有自我破壞的傾向，因而注定無法拿出令人滿意的表現。老師告訴我要抬頭挺胸、信心十足，因為我已經表現得非常出色了。最重要的是，老師不是說說而已，隔年他給我機會證明自己不需要追求完美也能發光發熱、對自己引以為傲。他給了我獨唱的部分，雖然我不認為自己辦得到，但還是拼了命地練習，因為我不想辜負老師。由於他相信我做得到，因此我才能相信自己。

這件事大大改變了我年輕的心靈，開始相信運氣是靠自己創造的。

天賦才華・人定勝天

從青少年時期開始學著賭自己一把是種漸進式而非指數型的成長過程，這個信念教會我精算風險，就算剛開始跳水都是腹部著水，但失敗幾次後，還是能鼓起勇氣從跳台一躍而下。明白這個道理之前，我可能從未想過失敗了就從梯子爬上來，記住哪些事不該做，然後再試一次就好。除非你決意如此認定，否則一次失敗不代表永遠無法達標。

不想面對難堪、痛苦或不快是人的天性，但這種預期心理通常遠糟於實際情況。當我們找出哪些機會可以促使自己突破舒適圈的限制，進而獲得長足的進步，就能體驗到人生最大的快樂。只要明白冒險和學習之間的關係，就能為自己的突飛猛進做出最好安排。唯有明白學習對個人發展和生活滿意度有多重要，才能克服嘗試新事物的恐懼。

對我來說，學著自在面對新挑戰帶來的不適感，關鍵在於將新事物視為值得期待之事和獎勵，而不是只看見恐懼和失敗的部分。這就跟我們的肌肉一樣，你需要時間反覆重訓，才能提高肌力和肌耐力。我年少時就學到了這個道理，而且日後也再三地複習。

擁抱漸進式的成長模式

我第一份「真正的」工作有點像是騙到手的。一九九五年，我高中最好的朋友梅利莎（Melissa）在一間新創公司工作，當時還沒什麼人知道新創這個詞；後來她們家要從華盛頓州搬去北卡羅萊納州，所以她推薦了我去接替那份工作。我當時才十六歲，剛領到駕照，必須在參加學校話劇《噪音遠去》(*Noises Off*)和放學後去打工兩者間二選一。

身為家中七個小孩的老大，我必須開始存大學學費，所以最後選了工作。我知道自己絕對不想從事和食物或收銀有關的工作，這對青少年來說等於大幅限縮了選擇。「Musicware」離我在雷德蒙德的家開車只要十分鐘，所以梅利莎問我要不要接辦公室經理的職位時，我開心到不行。

Musicware 是由兩兄弟創辦，他們剛從哈佛商學院畢業不久，設計了一款專門用於音樂採譜的軟體程式，音樂家只要在電子琴上彈奏自己的音樂作品，軟體就會自動把音譜轉錄下來。除此之外，這個軟體還提供鋼琴課程，可以透過自動偵測功能來判別演奏程度，接著還會推薦改善技巧的練習。在一九九五年，這是很了不起的發明。

我和梅利莎是六年級在合唱團認識的，我們都非常熱愛音樂，但她琴藝卓越，而我頂多只能用一隻手指頭彈完音譜上我負責的部分。雖然她在 Musicware 的主要任務就是典型的辦公室經理職責，但也會進行軟體測試。而且她雖然向公司舉薦我，卻沒跟他們提過我們倆的鋼琴技巧有天壤之別。

從做中學・建立自信

沒多久我就發現自己幾乎不具備勝任這份工作的任何技能。Musicware 是間五人小公司，所以根本沒人訓練我或帶著我做，而我除了當過保母外，沒有任何其他工作經驗，對老闆希望我做什麼毫無頭緒。不過，我向來很肯做，也相信自己會找出辦法，所以我決定埋頭苦幹就對了。

我把重心放在學習如何維持辦公室正常運作、在工作所需範圍內盡可能身兼數職，但最讓我感興趣的是觀察老闆經營公司的方式，以及他們兩兄弟如何從做中學、學中做。他們訂閱了許多我從未聽過的商業雜誌，例如《哈佛商業評論》(*Harvard Business Review*)、《財星》(*Fortune*)以及一九九五年首度發行的《快公司》(*Fast Company*)，我會趁休息時間一頁頁地仔細閱讀（對，我從小就很奇怪）。替新創公司的創辦人工作是我第一次接觸到商業世界的各種可能。

我會專注聆聽創辦人他們談論如何最大化投資效益，非常令人著迷！我會努力假裝自己正在「測試」軟體，實際上是用軟體來加強自己的琴藝，好在更進階的功能測試中幫上忙。我希望可以信心滿滿地說我在那兩年的放學打工中成了鋼琴高手，但我沒有，不過琴技確實進步不少，甚至還在測試過程中抓到了幾個軟體問題。

在我培養了足夠自信後，公司有天終於叫我去好市多去做週末的展示銷售，聽到這個消息我嚇壞了！當時我非常害羞內向，向陌生人推銷產品絕對不是我喜歡的活動。我到現在都還記憶猶新，有位非常感興趣的潛在客戶自己走了過來——這是所有銷售業務都求之不得的情境吧！——請我示範這套軟體教我彈奏的成果，結果我的表現實在差強人意，後來當然也沒成交。不過我在這次經驗學到，遭到拒絕不等於被判死刑。

早期在新創公司的那些年，我犯過的錯多到記不得了，還必須習慣經常接受有建設性的批評。我的天性就是想避開自己不會、有失敗風險的專案。

然而，完全不知道該怎麼做好這份工作的好處在於，我連逃跑的機會都沒有。我沒有機會隱藏自己的弱點，把所有精力都放在自己做得好的事上，藉此逃避自己做不好的事。這種選擇的「奢侈」要到職涯後期才能享有。（雖然日後我才明白，屆時更需要對抗那種衝動！）

當時我必須與無法盡善盡美的不安感相依為命，也是到了那時我才明白，**不完美也沒關係**，老闆眼中只看見我是位認真上進、一點就通的員工。我刻意逼自己不要害怕沒拿到一百分，就在放下以滿分為目標的期望後，我覺得像重獲新生一般。

這是我人生的其中一個關鍵轉向時刻。

團隊導向．時刻不忘

我在 Musicware 學會要隨機應變、保持彈性，而且要了解受託任務背後的重要性。每次想起一開始受指派的某個專案，我還是覺得羞愧難當。當時創辦人叫我整理一份介紹公司的資訊文件，好寄給潛在的買家與客戶，我只需要把十個檔案的資料列印出來，然後裝訂成一份文件準備寄出即可。有天印表機怪怪的，我卻沒發現，結果印出了幾百份模糊不清、毫無專業品質可言的文件。創辦人發現後直接走過來找我，叫我把這些文件全部丟掉、重做一次。

我那時只想著把這個不用動腦的任務趕快做完，才能去做自己想做的事，例如偷聽商業策略會議；但我沒有深思過這項專案背後的目的，或是潛在客戶收到這種品質粗糙的資料會怎麼想。我沒有反映出公司價值，更浪費了公司的資源，是我幡然醒悟的關鍵轉折點。現在想起那件鬧劇我還是覺得非常慚愧，但再也沒犯過同樣的錯了。

自那次之後，只要有人交付我任何任務，特別是看起來超簡單的那種，我都會退一步思考全局，例如任務目的和最終成果會是什麼，或誰是終端使用者，以及我要如何達成使命、而不只是交差了事。如此一來，即便是最微不足道的任務，我也會充滿動力與目標。我經常反覆咀嚼小馬丁・路德・金恩（Martin Luther King Jr.）的一段話：「如果你注定是個街道清掃員，那掃街時就把自己當作米開朗基羅在作畫、把自己當作貝多芬在作曲、把自己當作李奧汀・普萊絲（Leontyne Price）在大都會歌劇院演出、把自己當作莎士比亞在寫詩，把街道掃得無比乾淨，讓所有天使與凡人皆會駐足說道：『這裡有過一位偉大的街道清掃員，把清掃的工作做得完美無暇。』」這就是從有限資源中創造機會並獲得關注的方式！如果不是年紀輕輕就學到這個教訓，我不可能把握住日後每個改變人生的機會。

如果你認定自己的人生、責任或目標太過渺小，不可能有所成就或不值得投資，那就大錯特錯了。這些經過審慎評估的付出會一點一滴地累積起來，積蓄成一股動能，進而成就一番大事，遠超乎最初的夢想。沒有人是從十米高的跳台開始學跳水的！儘管如此，千萬不要認為自己永遠都只能在兒童池待著。

在 Musicware 的工作教會我，認識自身工作如何配合公司的偉大使命，以及協助同事發揮最佳表現並達成財務上可行的共同目標，是多麼要緊的事。那也是我第一次打從心底明白，整合團隊的精力和努力有多重要。我意識到，如果上司沒有好好說明真正要解決的實際問題，我就不太可能圓滿完成手上工作。在公司想要追求的目標範圍內，我有責任決定要如何盡責完成這些看似細微末節的任務。

在替 Musicware 製作資訊文件時，如果我清楚明白這項任務只要做得漂亮，便有機會吸引感興趣的客戶購買商品、幫公司賺錢，我就會更加注意成品品質，確保相關資訊能夠完美展現出公司價值。有了這個思維框架，這項看似不值一提、舉無輕重的工作，瞬間成為公司當天最至高無上的任務。

我很幸運，初入職場就學會這個課題，讓我勇於提出正確問題，了解每項任務的更高使命，而這也是我能夠穩定產出良好成果並提供創新解決方案的關鍵。日後我在職場上遇到經驗不足的情況，或必須在專業領域外提供協助時，更是如此。不論職務或年資，要成為團隊和公司不可或缺的人才，秘訣在於根據團隊的整體目標來適度調整自己的工作職責。有了這項知識，任何人都能持續以更聰明的方式工作，而不是想辦法比別人更拼命。

第一章

高投報夢想衝刺計畫

在逼自己離開舒適圈去追尋遠大目標和精彩體驗時，你必須更加積極主動，包括放膽發揮創意以及從實驗和失敗中增進抗壓韌性。不要害怕從基層做起，慢慢累積成長動力，這就是朝夢想邁進的第一步。

尋求良機：你是否因為害怕失敗或丟臉而自我設限？你是否有尚未大聲說出或放膽追逐的雄心壯志？團隊中是否有人正需要你的指引和幫助？

思索對策：如果你想成為自身氣運的主宰，努力工作、提出策略性問題以及透過創意方式運用自身才能和手邊資源，可以帶來哪些改變？

採取行動：重新定義手上的職務、責任、專案和任務，想辦法成為公司盈虧的影響因子，並將工作重點放在關鍵成長領域。

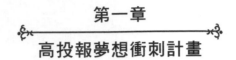

第二章：創造職涯機會

很多人都想知道，我一介大學畢業新鮮人，是如何讓貝佐斯願意冒險僱用我到亞馬遜直接在他手下工作。我一來沒有任何公司內部關係，二來沒有電腦科學學位，再者更沒有在執行長手下工作的經驗。大家也想知道，我在加州大學柏克萊分校讀博士學程時，是如何獲得 Google 聘雇，擔任梅麗莎．梅爾的特助，最後一路向上成為艾瑞克．施密特的幕僚長，他時任 Google 執行長，爾後轉任執行董事長。當然，大家也很好奇我為何下定決心離開 Google，創辦自己的全球顧問公司。訣竅在於我不會一直埋頭苦幹，而是想盡辦法讓自己聲名遠播，從職涯之初擔任很容易被忽視或低估的職務時，我都能在艱難環境下一步一腳印地取得成功。在事業剛起步時學到的經驗，至今仍是我站穩腳步的基石。

當我退一步把自己當作個案研究來看，檢視科技公司是根據哪些價值和方法來評估一般的職務候選人，我那些看似難以想像的事業軌跡突然變得有跡可循。相較於特定技能組合，亞馬遜和 Google 而反更加重視才智、勇氣和熱情，他們的用人哲學是你可以教會聰明人做任何事，但野心或毅力是無法傳授的。

雖然我是第一個強調自己在職涯發展上運氣很好的人，但我還是有運用一些關鍵技巧，精心創造出職涯上的突破機會，以下是我必做之事：

- 尋求千載難逢的機會
- 以學習為首要之務
- 創造有意義的影響力

我的職涯之路超乎預期，因此讓我更加懂得珍惜，一旦有幸找到這類機會，一定會好好把握、全力以赴。不僅如此，我還願意為此冒險犯難，因為這些付出可能改變人生。

以我為例，只要能夠和我真心崇拜、有意效仿的領導者共事，我向來願意成為公司的早期員工，接受草創之初的一切混亂。我向來優先考慮需要我在短時間內精通某項專業知識或技能，且與個人的事業發展密切相關的職務。相較於職務說明上的工作內容，你應該更在乎從工作中能學到的知識，這比什麼都要緊。其實我經常發現，任何職位的核心任務都可以根據個別員工的熱情和才能而有所調整，彈性程度遠超乎我們的想像。最重要的是，我一直在工作上尋覓為世界帶來深遠改變的機會，而正是因為懷抱熱情，才讓我在職涯升遷和追求人生幸福上走得更快更遠，單單為了財務目標或厲害頭銜是不可能辦到的。

好幾次我選擇放手一搏的關鍵時刻，都是為了爭取新職務。出於某種原因，每當我著手展開新目標，而不是待在熟悉的職位上，自然而然就會擁有源源不絕的動力。

尋求千載難逢的機會

我準備進入就業市場時，世道紛亂。我在二〇〇二年從華盛頓大學畢業，兩年前剛發生網際網路泡沫化的事件，一夜之間上兆美元的投資和數以千計的企業就此消失，連帶摧毀了美國經濟。儘管求職選擇有限，且畢業後沒有任何同學拿到實習或工作邀約，我還是對展開「接下來的人生旅程」以及迎接未知的冒險感到躍躍欲試。

我在華盛頓大學雙主修國際學和斯堪地那維亞學，並在校內的歐盟中心工作，負責安排各式研討會，帶學生與社區認識歐洲的政治和商業局勢。歐元創立於一九九九年，但一直到二〇〇二年創始國家才正式採用通行，那年我剛好大四，所以這也成為我學生作業的重要主題。

我在歐盟中心的日常工作平淡無奇，和其他五個人共用一間跟大儲藏間差不多大的辦公室，但這份工作讓我得以從學術以外的觀點來認識全球經濟，喚醒我內心的渴望，期許自己成為那個比美國更大的世界的一份子，甚至是成為引導其方向的力量，即便當時美國還深陷在全球金融危機之中。我的同事都是學術界的翹楚，開擴了我的視野，帶我了解學術和全球政治如何轉化成影響不同文化和族群的政策。

我在歐盟中心的第一位老闆是菲爾・謝克爾頓（Phil Shekleton），每次討論這些議題時，都會激動到用手緊攢著自己的頭髮，所以每天下班時看起來都像瘋狂科學家。這是我第一次了解如何從全球視野來思考個人貢獻，這個想法讓我興奮不已。我當時的工作職稱不值一提到我甚至不記得究竟有沒有，薪水也是少得可憐，除了當全職學生，我還在蘇薩羅圖書館（Suzzallo Library）打工賺錢，負責將書籍重新上架歸位。

我最初的職涯目標是成為教授，專攻全球面臨的重大經濟與政治議題。我很幸運有兩位教授：克里斯汀・英格布里森（Christine Ingebritsen）和蘿塔・蓋弗・亞當斯（Lotta Gavel Adams），縱使我大一時的學術表現乏善可陳，他們看中我的潛力仍願意指導我。因此我全力以赴，欣然接受與尋求他們的指導，最終跟上了學校的程度，開始嶄露頭角。大四結束那年，我獲得了傑克森國際研究學院（Jackson School of International Studies）頒發的「最佳學士論文」獎。這個逆轉勝的經驗給了我信心，相信自己或許真的有機會完成學者夢。然而，當時我覺得在開始讀博班前，還是需要在「真實世界」工作幾年才行。

這個決定改變了一切。

調整目標・放手去做

還記得當時我問歐盟中心的新主任，我畢業後該從事什麼工作。他問：「你有想過應徵亞馬遜嗎？」因為他太太就在亞馬遜的招募部門工作。我心想，不，從未想過。我在雷德蒙德長大，多數朋友的雙親都是科技公司的高階主管，雖然薪水優渥，但我實在不覺得那種生活有趣。話雖這麼說，在網際網路泡沫化的影響下，西雅圖經濟受到的打擊特別嚴重，我同學在畢業時沒幾個人拿到工作邀約，因此我覺得自己應該考慮所有可能，所以我沒多做他想，還是寄了履歷給亞馬遜。出乎意料之外，我接到了電話，公司邀請我參加初級助理的第一輪面試。

現在回頭看，在那個看似低階且和我在學術上的事業雄心毫無關聯的工作機會中，我居然看見了發展可能，仔細想想實在不可思議。最有成就感且意義深遠的工作，從職務說明來看通常一點都不夢幻，但這是很多人在事業剛起步時都會有的錯誤認知。

我有幸知道，這個看似不起眼的職位其實可以讓我接觸到身為新進員工不可能知道的事，還可以看見公司核心實際的運作方式以及推動公司成長與成功的關鍵。

我從這個角度去檢視這個潛在工作機會，發現初級行政人員可說是我長期成長計畫的絕佳選項。我完全不知道助理的工作內容是什麼，但我知道定期離開自己的舒適圈好處多多，同時也能強迫自己創造快速飆升的學習與成長曲線，為日後渴望獲得的職位做好準備。

第一次在亞馬遜的面試讓我眼花撩亂、應接不暇。我和全公司的高級助理都面試了一輪，在那待了一整天，甚至連午餐都有面試活動，所以等於我根本沒吃到任何東西。我很快就發現，自己準備面試的方向全錯了。我事先針對一般預期會問的面試問題都想好了答案，卻沒針對公司本身或公司獨有的挑戰做任何獨立研究，也忘了準備要問面試官的問題。老實說，我純粹是運氣好，在大廳等待的時候，注意到顯示螢幕上列出亞馬遜營運的五個國家。五分鐘過後，一位面試官就問我有沒有用過亞馬遜？知不知道亞馬遜在哪些國家營運以及打算在哪擴大營運？我故做鎮定地回答，沒被發現我是剛剛才看到答案，而且在面試前一天才註冊了亞馬遜帳戶，甚至還沒完成第一筆交易。回到家我整個人累癱了，但同時又覺得精神抖擻，因為見到了許多超棒的人，又聽他們講了許多正在進行的創新專案。我當下就知道自己屬於那裡！

三個月過去，亞馬遜沒有給我任何回音。

我也持續尋找對我日後博士論文有所幫助的其他機會。有天毫無預警地，我接到了第二輪面試的電話。這次我做好了萬全準備，找出所有我能找到和亞馬遜有關的文章並仔細閱讀，才能信心十足地詢問公司在千變萬化的環境中的成長、挑戰和優勢。這次是接連和很多位亞馬遜的高級副總裁面試，記得當時我很疑惑，百思不得其解他們為什麼要把寶貴的決策時間，花在面試一個非常菜的候選人。

其中一場面試是在陰暗無光的辦公室進行，只有一台跑滿程式碼的螢幕，以及角落一盞顏色鮮豔、怪里怪氣的旋轉夜燈。當時我毫無所知，那位高階主管的任務是找出會讓我崩潰的臨界點，看能不能讓我放聲大哭。好險我這輩子認識很多科技人，所以很習慣尷尬的社交互動，我就當作碰見特別適合科技界的其中一種特質，表現地泰然自若。

接下來又是音訊全無的**三個月**，我早認定自己拿不到亞馬遜的那個工作了，但接下來電話又響了，亞馬遜招募專員請我再去參加最後一次面試，但我已經在其他地方拿到了研究助理的工作，儘管我對那個機會絲毫不覺得開心。我直接跟亞馬遜的招募專員指出，她已經取得大概二十項關於我的重點資料，因此就算沒有再一次令人筋疲力盡的面談，應該也知道亞馬遜到底喜不喜歡我，我不喜歡他們拖拖拉拉地不做決定了。招募專員為曠日廢時的面試流程向我道歉，承諾這是最後一輪了。

不過她沒和我說，這次是貝佐斯本人和我面試。

我之所以願意去最後一輪面試，是因為亞馬遜證明自己這間公司不乏雄心勃勃、專心致志、熱情滿懷的高手，我希望自己向他們看齊、學習。他們的專精領域都是我想發展的部分，雖然看似偏離了我的學術目標，但這份工作經歷對我肯定大有好處。我感受得到亞馬遜的獨樹一幟，而且他們在做的事難如登天，根本沒有公司敢嘗試。我確信在那工作能學到在其他地方都學不到的知識，而我之所以決定先工作再去讀研究所，主要就是為了累積精實的商業實務，亞馬遜看起來是最完美的選擇。就這樣，我決定參加第三次面試。

相信直覺．把握機會

十月的那個早上，我抱著輕鬆的心情準備接受面試，突然會議室的門打開，傑夫走了進來並坐下，還沒開始自我介紹，就發出他著名的招牌大笑。我馬上就認出他了，畢竟他的臉孔幾乎每天都出現在當地媒體上。

一開始我滿心疑惑，以為他們帶我進錯了會議室，傑夫是要面試工程師或高階主管，但沒有，我就是傑夫要面試的人。

傑夫一開始就向我保證，他只會問兩個問題，第一題是「好玩」的腦筋急轉彎。我深吸了一口氣，他站起身來，在白板旁把白板筆打開，一邊還說著別擔心，他會負責數學計算的部分；後來我才知道，那裡根本是他的私人會議室。我當場嚇傻了。傑夫說：「我要請你估計西雅圖市有幾塊玻璃。」

沒人問過我這種問題，但我叫自己冷靜下來，提醒自己想想他問這個問題的動機是什麼？**我和自己說，他只是想知道我的思維模式**，要看看我如何把複雜的問題拆解成可以處理的小步驟。

我可以辦到，我對自己說。

我概述了我會如何從西雅圖市的人口著手，還好我猜對是一百萬，但其實我只是想讓計算更容易些；接著我說，每個人都有住處、會使用交通工具、有辦公室或上學，這些地方都有窗戶，所以我們可以根據這些項目的平均數來做估算，然後開始計算數學的部分。

我們討論了所有可能情況、分類、異數以及解釋這例外狀況的方式。我覺得自己好像講了幾小時，傑夫則忙著在白板上寫滿了數字……現在想想應該不過十分鐘的事。我到現在還記得，傑夫在白板上寫下最後估計值時，我興奮到不行。他把那個數字圈起來並說：「看起來沒問題。」

好佳在！

傑夫接著問了第二個問題：談談你的事業目標吧。以我現在對傑夫的了解，我明白當時他為什麼只需要問兩個問題，就能評估我的潛力，了解我是否有足夠的毅力、勇氣和動力來跟上他的步調，以及是否有膽量和他一同冒險犯難、竿頭日上。在面談接近尾聲時，我們心照不宣，身為菜鳥候選人的我一定願意做任何事追求成功。

面試就這樣劃下句點，我氣力放盡卻又異常興奮，但終歸是順利完成了。貝佐斯當場就錄用了我，把我的辦公桌安排在離他不到一公尺遠的地方，這是全公司離他最近的辦公桌。

好多年後我才真正想通為何傑夫會破格用我，還做出如此不符常規的安排。傑夫是刻意選擇讓身邊充滿需要**擋一下**而不是**推一把**的人才，他的團隊成員個個雄心萬丈、創意滿點，而且他堅持每個人都必須具備其他成員所欠缺的專長。在這樣的環境中，傑夫身為領導者，只需花些心思讓下屬把精力用對地方，不需想方設法地找出屬下的熱情所在。那時我學到了一個重要道理，傑夫和亞馬遜最初能大有斬獲，關鍵就在於孜孜不倦地追求卓越的精神。

大夢想家・勇敢效法

勵志演說家吉姆・羅恩（Jim Rohn）最知名的一句話是：「你花最多時間相處的那五個人，你就是他們的平均值。」我認為這句話其來有自，事業不可避免地一定會影響到生活，畢竟我們清醒的時間大多在工作。工作可以砥礪我們追尋更崇高的目標、迎接全新的挑戰並獲得更高的成就感，也可以讓我們疲憊不堪、分崩離析並榨乾我們的精力與歡笑，歸根究柢還是在於共事的對象。

從在亞馬遜工作開始，我每次做職涯抉擇時，都是先觀察我即將效力的上司具備何種人格特質，以及他們能帶領我成為何種人物。光是早早學到這個智慧，就大大改變了我的人生進程和幸福程度。

能夠坐在全世界最聰明的執行長身邊，亦步亦趨地學習他們的思考、行為、動機和決策模式，就是我人生中最大的禮物。這是我第一次為自己賭上了奧運級的賭注，可能因此成就非凡，也可能粉身碎骨，但我願意放手一搏。

經過這次的受聘經驗後，我一直努力讓自己成為需要有人幫我踩剎車而不是加油的類型，不斷地尋找適合的團隊，要能提供我挑戰、支援，並鞭策我去做超越現有能力的事；正因如此，工作成了我最大的成就感來源。除此之外，那些隨之而來的龐大工作量、對無法勝任手上工作的恐懼以及必須時時提升自我的要求，不僅變得容易應付，更讓我滿心期待。

破釜沉舟．賭上所有

我認識許多帶來革命性創新的絕頂天才，他們最常見的共通點就是願意賭自己一把。如果在前進的路上遇到意料之外的分岔路口，只要那條路上有想學的事物、對世界又有貢獻，他們不惜放下兒時夢想，這並不是說意志不堅，恰恰相反。

傑出人才通常不怕拋開家庭社會對自己的期待，甚至是打小就有的渴望，只為了擁有真正了無遺憾的人生。即使會危及自我認同，他們也樂於調整目標，這才是名符其實的勇氣，也是在工作和人生中獲得長期滿足感與影響力的最佳預報因素。

傑夫三十歲時已經在避險基金德劭公司（D.E. Shaw）的紐約總部任職四年，擔任公司第四位高級副總裁，薪水優渥，而他當年毅然決然離開公司，就是為了追求更圓滿的人生。傑夫有一百個留下來的理由，只要努力工作、創造高投報率，就能繼續領著高額獎金。沒有任何外在因素要他捨棄眼前一切，冒著極大風險自創公司。

然而，傑夫在一九九三年那年跑去跟老闆說，他想開間網路書店，因為他看見這項新技術的潛在商機，要打造一間不受任何實體牆壁限制的商店，可以虛擬存放數以千百萬計的產品。傑夫的想法是未來的概念，而這就是突破性變革的誕生之處；對於只看得到現在的人，他們只能解決眼前的問題，影響力也有限，但傑夫當初是打算解決未來顧客的需求。

大家都知道，德劭公司當初拒絕投資傑夫的絕妙點子，所以他決定相信自己、放手一搏，直接辭去了金融業的工作，冒險投入網際網路這項新科技。顯然，他後來確實做得有聲有色，但當初他是抱著破釜沉舟的決心，賭上了未來，相信自己能成功找出辦法，打造出所有人都未曾想到過的新事業！

我從沒想過自己在未來十年也會反覆透過此歷程走出自己的路。在亞馬遜待了三年後離職去讀博士班，是我在這趟意想不到的旅程踏出的第一步。我超愛在亞馬遜工作，也很珍惜和傑夫共事的時光，但加入學術界是我一直以來的夢想。為了實現另一個夢想，我必須結束眼前的美夢，這令我痛苦萬分。

即便到了今日，還是會有人問我，在亞馬遜開始獲利且股價終於上漲之際，選擇離開公司究竟是不是正確的決定。不過傑夫得知我錄取加州大學柏克萊分校的博士學程時，他非常高興，這讓我相信投資自己是最好的選擇。把握機會為自己逐夢，而不是拿錢替別人築夢，才是改變人生的真正契機，傑夫當初也是如此。

在亞馬遜的最後一天，我帶著相機來上班，但在交出員工證前，我差點沒勇氣問傑夫能否和他一起合照。好險我最後有鼓起勇氣，那張照片至今仍是我最珍貴的寶物。我離開公司時已滿臉淚水。

開車上路時我一直在哭，我的紅色本田喜美（Honda Civic）上載滿一箱箱的行李，慢慢地駛離了西雅圖。我一路向南開，前往距離此處有兩天路程的柏克萊，車上放著哈利波特第四集的CD，但我一個字也沒聽進去。雖然心痛不已，更對未知充滿恐懼，我依然確信自己想追隨傑夫的腳步，不要害自己後悔沒有把握機會追尋夢想。

以學習為首要之務

讀博士讓人學會謙卑。我是該年斯堪地那維亞學唯一錄取的博士生，所以沒有任何同班同學，沒有人和我一起同甘共苦。同學程的博士候選人都比我資深，因此我常常覺得自己是唯一不在狀況內的人。這時我在亞馬遜學到的關鍵經驗就派上用場了：就算自己是全場最菜的人，也要學著盡量放鬆。

第一天抵達教室的場景至今仍歷歷在目，教室位在柏克萊校園中心德溫內爾廳的二樓，空蕩蕩且毫無生氣，中間只擺了一張桌子和五張金屬椅，我是唯一帶著筆電的人，教授和另外二位博士生帶的是幾乎要從背包滿出來的書和紙本筆記本。教授沒有講課，她坐在我旁邊，直接帶著我們開始討論。

我整個措手不及，壓根沒想過會是這種形式的課堂作業，和讀大學的經驗完全不一樣。我爸有碩士和法律學位，所以我單純以為自己可以效仿他在研究所的經驗，循序漸進地通過一連串的考試即可精通相關學科。然而，我面對的課程卻是要先消化大量資訊，接著參加長達三小時的課堂討論、辯論，並從閱讀中獲得洞見和觀點，沒有任何相應成績。

在課堂上，我感覺自己加入了一場早在千年前就展開的對話，而且在我離開後還會持續千年。因為沒有任何定期考試當作參照指標，所以我根本不知道自己是否做出足夠貢獻，也不曉得表現好壞。

第一學期結束時，我把讀過的書全疊在一起，共有四種語言：結果疊出一個比我還高的書塔。但我還是不知道如何在這個環境中評估自己的真實表現。我要怎麼知道自己做得不錯？因為不知道如何為自己的貢獻或進度評分，我每天都覺得自己是教室裡最笨的人。

深刻體會・學習真諦

正因如此，我在柏克萊第一學期的學術表現糟透了，我的讀書方式太過嚴謹、偏分析路線，無法全心擁抱不同概念的洗滌，進而在潛意識中激發新觀點。我老想著用在亞馬遜的步調學習，但這和系上的目標完全不符，他們想教會我學習的真諦，了解對新歷程和觀點抱持開放心胸的重要性，不要出於其他動機去學習。我個性就是想在行動前搞清楚會學到、經歷的內容，這跟博士教育的理念全然相悖。這種脫節感讓我迷失了方向，無法將自己在亞馬遜學到的任何成功法則，應用在慢條斯理、目標飄渺的學術上。

我覺得自己格格不入的地方還不僅止於此。雖然柏克萊的斯堪地那維亞學程希望涵蓋不同領域的主題，但當時所有研究生都是專攻文學，只有我對斯堪地那維亞半島歐盟成員國的全球經濟和政策感興趣，所以我同時修習了斯堪地那維亞學和政治學系上的課，這讓我剛開始的時候更難融入大家。

研究所第二學期開學時，我在心態上做出了重大調整，我決定要換不同方式在系上發揮我的長處。儘管教授和其他研究生在文學領域懂得比我多太多了，但我開始逼自己在每堂課中開口說話，想辦法提供其他人原本連想都不會想到的政治觀點。從我願意開口後，課堂上的對話開始往不同方向發展，對參與的每個人來說都更加充實。教授們漸漸也會開始找機會進行議題轉向，邀請小組針對指定閱讀資料用不同的角度進行討論。我終於開始看見自己的附加價值，不再覺得低人一等了。

在這次經驗中我學到提供新觀點的價值，不再一味想要融入環境，或是根據別人而不是自身的強項，硬是要求自己要表現完美。

自己的路．自己決定

在離開西雅圖前往加州前，我覺得自己會想念亞馬遜緊張的工作步調，所以在公司的最後一天，寄了封電子郵件給烏迪．曼伯爾（Udi Manber），他是亞馬遜位在加州帕羅奧圖的搜尋引擎子公司「A9」的總裁。我和烏迪說，如果有任何特殊專案需要幫忙或用得上我特別訓練出來的「傑夫思維」，都可以和我聯絡。結果烏迪馬上回了信，邀請我在柏克萊安頓好後，去帕羅奧圖找他。

我同意每週五去那工作，負責管理總裁辦公室的特殊專案。除了沉浸在包羅萬象的學術環境、忙著在課堂上向專家提出問題和挑戰，我還一頭栽進矽谷高度競爭的科技業。學術和矽谷對我來說是絕配。我學著相信自己的直覺、不怕向位階比我高的人提出疑問，並運用創新方式打造自己想要的人生和工作方向。

某個星期五我在 A9 的辦公桌前坐著，電話突然響了起來，但我印象中沒人有我的工作電話，連我自己都不知道這支電話。打來的是 Google 的招募專員，叫做杰夫，他說有好幾個資訊來源提到我的名字，想問問看我是否有興趣了解一下 Google 的工作，我當下就拒絕他了。我終於成功度過令我手足無措的第一年博士課程，慢慢上了軌道，在系上為我投注了這麼多資源後，我終於也為學程貢獻了自己的價值。我忠於柏克萊、系上、系上的師長同儕以及自己的教授夢，因此婉拒了杰夫的邀約，跟他說我很滿意目前的學術生活，並不考慮接受面談，然後就把電話掛了，連聯絡資訊都沒問。

杰夫在那個夏天又打了好幾次電話，試著說服我去他們公司面試，我一而再、再而三地禮貌拒絕。雖然當時是二〇〇六年，Google 還在發展初期，但杰夫應該也不太習慣被人拒絕，因為 Google 早就被視為是美國最酷的公司，許多才華洋溢的人才搶破頭想擠進去。

在第四通電話裡，他問我可不可以至少去 Google 園區參觀一下、認識一些人。我承認我有點好奇，聽過這麼多故事，像是免費食物、排球場、有駐點醫生的健康中心、按摩室、打盹艙等各種福利，而且還可以帶狗上班！我很想親眼看看在這種環境要怎麼專心工作。

所以我還是去參觀了 Google 園區，但最震撼我腦袋瓜的是在那遇到的奇人異士。他們是全世界最有趣的一群人，手上在做的都是些有趣又高深的技術專案。午餐時，不管是巧合或杰夫的巧妙安排，和我同桌的人包括一位前任太空人、一位曾和藍斯·阿姆斯壯（Lance Armstrong）一起參加環法自行車賽的自行車手，以及公認的網際網路之父文頓·瑟夫（Vint Cerf）。

我有預感，這裡的環境跟我的抱負不謀而合。

我心跳加速，知道自己找到了新歸屬，儘管在這工作的人都有嚇死人的學經歷，但我卻完全不覺得自己像外人，打從心底知道我屬於這裡。

參觀結束後杰夫問我，最讓我猶豫要不要離開學校的點是什麼？我說我的夢想就是每天和全世界最聰明的人一起工作，攜手為世界帶來改變。聽完他忍不住笑了出來並說：「如果是這樣的話，你一定會愛死這裡。」我們都知道，我一定會回來。

傑出團隊．改變世界

Google 的面試流程很緊鑼密鼓。早在開始面試前，我就已經決定接受公司給的任何職缺。在二〇〇〇年初期，即使是 Google 主動招聘，你仍須先通過入門考試，才能正式展開面試流程，而且每個部門的考試內容都不一樣。由於當時招募的職缺屬於產品團隊，所以考試內容類似於法學院入學考試（Law School Admission Test）的腦筋急轉彎和複雜問題部分，考試時間持續好幾個小時。

我向來不太擅長標準化考試，但出乎意料之外，我滿分通過了。我不確定這個考試成績是因為我打從心底不擔心失敗的可能，畢竟那時我還沒很確定是否真心想離開博士學程，還是證明了我在亞馬遜學到了優異的複雜問題解決技巧。不論如何，我輕鬆面對眼前的腦筋急轉彎，一步步解決問題並說明解決方案。

由於我有和貝佐斯一起工作的經驗，所以他們請我擔任梅麗莎．梅爾的特助，她當時是搜尋引擎產品和使用者體驗團隊的副總裁，負責 Google 首頁、Doodle、Google 地圖、Gmail、Google 新聞等產品。產品團隊的工作為開發實用工具並吸引使用者來使用服務，至於要如何透過這些產品和服務營利，則是交給其他團隊負責。

第一輪面試是在山景城（Mountain View）Google 總部名為「43」的辦公大樓進行，有人帶著我穿過大廳，走上寬大的木頭階梯，牆面上掛著實際大小的「太空船 1 號」複製品，這艘太空船不到二年前獲得了安薩里 X 大獎（Ansari）；太空船還未正式安裝金屬固定架，高掛在樓梯上方，看起來就像超大型的皮帶扣，低到經過的人都覺得好像要稍微閃躲一下。一出大廳就會看到一副霸王龍骨架的仿製品，被暱稱為「史丹」，是根據 Google 總部附近挖掘出來的霸王龍化石所製作。我坐在會議室等著和梅麗莎面試，細細品味這些標新立異的「裝飾」，不費吹灰之力便可想像自己在這裡工作的樣子。

我一點也不意外梅麗莎面試晚到，畢竟之前和她的電話面談也重排了三次。她的助理因併發症臨時請了產假，所以見到梅麗莎的那時，她的世界正好有點混亂。

和梅麗莎見面的第一眼我就喜歡上她了，她的笑聲非常放鬆、獨特，特別到有人拿來製作了手機鈴聲（當然她不覺得好笑）。她是個真誠溫暖的人，特別聰明、對工作熱情得不得了，講話也很直截了當。

我後來才知道，許多人很怕她，可我完全不會，她不只才華出眾，必要時也很強硬且標準極高。不管是帶領程式碼審查會議，或是仔細檢視產品設計每項微乎其微的細節，她負責面試我的團隊成員根本把她的指示當作聖旨。梅麗莎傾盡全力追求完美，並要求團隊成員跟上她的腳步，我覺得我們有志一同。

我做足了準備工作，但還是盡量保持心胸開放，以求在面試時好好表達自己的意見，不論好壞。我讀遍了每篇我能找到有關她的文章，覺得別人經常過分嚴苛地評論她，只因為她聰明強勢，同時又兼具智慧與美貌；女性主管必須應付其他男性主管不需經歷的各種批評，她肯定不是唯一一位。

我知道替她工作想必不太輕鬆，但勢必也能學到很多，這對我來說是決定性的因素。梅麗莎的目標清楚明確，她要成為執行長；幾年後她也達成目標，成了 Yahoo 奇摩的執行長。我知道自己想成為她團隊的一員。Google 創立沒幾年就有飛躍性的成長，在我面試的那年，員工數量翻倍成長，從五千變成一萬，而公司的年成長率更超過了百分之八十七，所有員工都用快得嚇人的步調在工作，好像共用著源源不絕的腎上腺素。

Google 團隊改變了整個世界存取資訊的方式，而這只是序幕而已。他們員工的人格特質和思維模式都有些我行我素、不因循守舊，在決策和設定目標時都以資料數據為依歸。義無反顧的衝刺速度、大膽無畏的目標、成為開創科技未來的主要玩家……整間公司實在令人目眩神迷。我深受吸引無法自拔，隨著潮流漂向那片廣闊大海，知道已無法回頭了。

我面試那時是二〇〇六年的夏天，八月底接到了 Google 的正式錄取通知。我試著聯繫柏克萊的教授和系主任，想要討論這項變動，但暑假期間聯絡不上。我和爸媽討論了好幾次該如何選擇，不論他們偏向哪邊，都還是盡可能地給出中立的建議。

我並沒有改變當上教授的心意，也很喜歡課程內容，覺得自己終於有所突破，包括深刻理解學術上的要求，我確定接下來的學年只會愈來愈好、收穫更豐。

講真心話，我的心之所向再清楚不過了，但理智上還在掙扎。經過了漫長的考慮，我接受了 Google 的工作。接下來的十年，我一直把系上圖書室的辦公室鑰匙留在鑰匙圈上，每天提醒自己，就算在 Google 不順利，我還是可以回學校。有時我迫切需要這種慰藉，因為我在 Google 的頭幾年一點都不輕鬆寫意。

創造有意義的影響力

我從沒想過自己接下來的十二年都會在 Google 工作，更沒有任何跡象顯示我會離開那裡，創辦自己的國際顧問公司，客戶皆是世界各地的執行長。這一路上學到的經驗改變了我人生的方向，而它們全都是來自於看似微不足道但時刻發生的目標調整。

我的上司和同事都是頂尖人才，這肯定是改變我人生和事業的首要決定因素。你不一定要為身價上億的執行長或一流的科技公司工作，才能從同儕身上獲得良性競爭效應，但你確實必須主動營造這種環境。

同儕的人格特質是我選擇工作的首要標準，比職稱和薪酬等任何其他條件都還重要，因為我知道他們的一舉一動都會影響到我將成為什麼樣的人和什麼樣的領導者。每當我看見同事在工作中神采奕奕、大有作為，我知道是因為他們選擇加入最棒的團隊，隊友個個聰明善良、好奇求知、具備合作精神並以成果為導向。

夢想領袖・值得追隨

過去二十年來，我提升職涯的一貫做法主要有二：首先，優先要務是尋找適合的主管，擁有我想追隨其後的職涯發展、體現我想具備的領導特質。其次，我只選擇能夠和優秀人才共事的職缺，且要有諸多機會和他們一起成長。我可以選擇輕鬆的工作，不用忍受在這幾間公司經歷過的壓力和不安，但這麼做等於自掘墳墓，犧牲掉長遠的成長和幸福。

我發現如果工作的大部分時間都是待在舒適圈，那工作就會變得瑣碎無趣、耗盡能量，沒有任何新知識和技巧為我補充動力。只要每天待在舒適圈的時間超過百分之八十，我就會開始尋找新專案或工作。在決定事業的下一步時，我會問自己一個很重要的問題：「我在下個職涯階段想學什麼？」如果沒想清楚自己想學什麼，一不小心就會落入陷阱，只敢選擇缺乏挑戰、停滯不前的工作和專案，事業更因此原地踏步。

我從未遇到老闆或團隊不支持我的成長，即便遭遇這種情況，我想我也會選擇馬上離職。我加入過的每個團隊都鼓勵我勇往直前，成就我孤身一人不敢企望的大事。

回顧自己的職涯路徑，直屬主管經常是我成長軌跡和發展機會的關鍵指標，他們負責定調工作風格、步調和里程碑。我的每位主管（不管是不是執行長）都會在具備充份支援的環境中，為下屬提供各式各樣的成長機會和持續不斷的挑戰；相對的，我亦須積極主動地去爭取。他們最為看重的是成果，而我也決意要做出成績。

點滴機會．串連成線

二〇〇五年，賈伯斯（Steve Jobs）在史丹佛大學的畢業典禮演講上，分享了他對成長和把握良機的人生哲學，我聽完深有同感，馬上明白自己看似毫不相關的職涯抉擇，都有道理可循。他說：「你無法預先把現在發生的點滴串在一起，只有在未來回顧時，才會明白這些點滴是如何串連成線；所以你現在必須相信，眼前的點點滴滴，將來或多或少都會有所關聯。直覺也好、命運也好、生命也好、甚或是因果業力，你必須有所相信。這個做法經過再三實證，我的人生也因此截然不同。」下定決心轉換目標為Google工作並不是我第一次或最後一次的豪賭，一切都是為了抓住我認定千載難逢的機會。

我很榮幸能在這些空前絕後的創新時代為這幾間公司工作。首先，在網際網路發展之初，我有幸能在亞馬遜見證貝佐斯創造了前無古人、後無來者的電商模式，沒人能夠重演那個時刻。我必須先接受一份乏味無趣的大學工作，好讓我獲得必備的核心技能及信心，才能好好應戰那份工作。我在 Google 的工作也是如此，能夠親眼目睹現在已是全世界最具影響力的公司，將許多改變人生的產品從無中生有的概念，到正式推出上市的產品，接著成為我們生活中不可或缺的部分。

我在亞馬遜和 Google 的團隊都變得像家人一樣，不僅是因為我們相處時間遠多於各自的家人，更重要的是共同經驗對我帶來深遠無比的影響。每當看到厭惡自身工作的人，我都深感痛心。我在全球各地都有朋友，有些人因為當地缺乏機會，一直無法找到充滿挑戰和機會的工作，因此沒本錢爭取事業上的晉升。正因如此，我很高興看見網際網路帶來公平競爭的環境，提供更為全球化的經濟機會。然而，要走的路還很長，有時候在某個領域工作想實現個人的成就感，像是只有菁英階級才能享有的奢侈，畢竟相關類型的工作、教育和科技只有特定城市才有。我的座右銘就是幫助所有人克服這些障礙。

人生中許多工作帶來的損耗都可以避免，秘訣在於精挑細選身邊的人，他們要能讓你保持心情愉悅，又能激勵你變得更好、成就更多。在事業剛起步時，如果工作環境中沒有這種鼓舞人心的角色，我就會更努力在個人生活中尋求這類人物，盡可能地花時間和他們合作能帶來成就感的專案。

誰都有運氣不好的時候，為了付帳單，不得以只好接受跟夢想中的工作或期望的職涯路徑毫不相關的職務。千萬別因此灰心喪志，不管別人看起來有多光鮮亮麗，大家在職涯發展路上都有類似經歷；重點在於，你還是可以在看似差強人意的工作中創造成長機會。莎拉・布雷克利（Sara Blakely）是塑身衣品牌 Spanx 的創辦人，同時也是白手起家的億萬富翁，她曾有七年的時間都在挨家挨戶地推銷傳真機，而她認為自己的公司能有如此空前成就，都要歸功於在那些年學到的核心銷售技巧和不怕被拒絕的能力。即便再平凡無奇的工作，我們都能從中習得對日後遠大事業有幫助的核心技能。想在看似無望的境遇中尋求巨大成功，關鍵在敢於從無足輕重的小事做起。雖然大家都想成為知名的執行長，但沒幾個人會願意放棄一切，在車庫從零開始追求夢想。從小規模開始打穩根基是我們最大的優勢，千萬不要於心有愧或看輕這個階段的重要性。

我可以認為我的第一份工作平凡無奇且毫無影響力，畢竟我「只是」辦公室經理，接下來「只是」助理，然後又「只是」最菜的博士生，但透過善用資源、採取行動，我幾乎可說是憑空創造了許多機會，成為事業發展的轉折點。你也可以做到！

突破平凡．創造不凡

如果有人在我剛開始工作時問說我的夢想是什麼，我的回答一定跟我至今為止的職涯發展或目前的事業毫不相關。我從沒想過在科技業工作，更別提在兩間史上最顛覆市場的公司擔任執行長的助手。事實上，我從前一直很嫉妒那些早早就知道要做什麼的人，但後來發現自己不是這樣，而且大多數人也都不是。關鍵在於即便我不清楚自己想要「做些」什麼，但我知道自己一生都想要「學些」什麼。

我記得小時候迫切地想要與眾不同、想成為世界頂尖的什麼，什麼都行！不幸的是，我並沒有什麼了不起的天賦；幸運的是，我發現熱情、使命、找出自己擅長的事，不一定要靠基因，而是可以靠投入時間去培養、去開發。傳奇設計師黛安．馮．芙絲汀寶（Diane von Furstenberg）曾說：「我不知道自己想做什麼，但我很清楚自己想當什麼樣的女子。」

當抱負強烈到催促你勇往直前而不是裹足不前，這就是人生最大的快樂。

你是實現自身夢想的英雄嗎？二〇〇二年剛開始工作時，我某天早上在傑夫．貝佐斯的家，協助他準備和高級管理團隊（S-Team）要開的高級戰略會議。就在傑夫和我們的團隊在他的船屋上架設會議設備時，他和我們說了前晚做的夢，在夢中地球被不明外星人攻擊，他必須想辦法拯救全人類。他太太麥肯琪（MacKenzie）在一旁說，她最佩服傑夫的其中一點就是他在夢中永遠都是英雄。我心想，跟我也差太多了吧，每次做惡夢時，我經常連逃跑的力量都沒有，甚至怕到無法尖叫。但傑夫不是，他是挺身而出的英雄。

在貼身為他工作三年後，我從傑夫身上學到了二項關鍵要訣：成為實現自身志業的英雄以及克服個人成長的停滯問題。我有幸能從這些傳奇色彩濃厚的領袖人物身上，學到許多自我實現的秘訣，他們對於如何實現最狂野的雄心壯志有獨到的見解。他們的共通點在於相信自己是命運的主宰，你注定會成為你該成為的人。

第二章

高投報夢想衝刺計畫

只要我們願意調整目標、相信直覺，好好把握百年不遇的機會，就會有好事發生。你準備好為心目中的事業與人生認真豪賭一把了嗎？你準備好尋找頭腦優秀且善於鼓舞士氣的隊友，協助你走出自己的路，而不是選條簡單但乏味的路了嗎？如果你想和希望效仿的領導者合作，可以從哪些地方著手？你可以透過哪些稍具風險的方式，從平凡中創造不凡？

尋求良機：你目前的事業階段是不是充滿瑣碎的日常工作，根本沒有實現抱負的機會？身邊有你想要效仿的人物嗎？最近有沒有任何難得一見的成長機會，但你卻出於恐懼沒有出手爭取？什麼樣的專案會讓你每天迫不及待地起床？共通之處是什麼？要如何在工作和生活中找出更多這類機會？

思索對策：你必須做出哪些改變，才能讓自己的工作內容與最能讓你充滿幹勁的目標產生共鳴？眼前有誰能支持你的改變計畫？你要如何在目前的人脈網中創造機會，配合自身成長目標並接觸更多出色人才？

採取行動：採取一切必要行動，開始學習你最重視的技能以及眼前最為渴望的經驗！

第三章：提升影響力

如果你想在競爭激烈的創新環境中存活下來，以及在每次放手一搏、提升自我時都能有所斬獲，建立起足夠的抗壓韌性是必不可少的關鍵技能。運氣或許在我職涯中的幾次關鍵時刻給了臨門一腳，但抗壓韌性才是我能夠踏進核心決策的會議室，還得以拉把椅子坐在決策桌旁的關鍵。

老實說，我這一路上不乏跌跌撞撞、走錯方向；但比起功成名就，這些挑戰才是贏得尊敬、超越自我極限的最好途徑。雖然我也不愛丟臉出醜，更想趨吉避凶，但這是避不了的關卡。

我認識數不清的億萬富翁和成就非凡的名人，甚至還和其中不少人一起共事過。無一例外地，他們每個人都具備不可思議的抗壓韌性，這絕非巧合，而是必然的結果。他們願意反覆不斷地嘗試、犯錯，偶爾甚至會敗地一塌糊塗，還要在鎂光燈下接受眾人指教，然後站起身來繼續一磚一瓦地構築夢想。

就我個人經驗來看，雖然這些執行長都很習慣站在鎂光燈下，但跟我們一樣在失敗時會感到沉重，結果不如預期時也會痛苦萬分。逃避失敗不是他們成就創舉的秘訣，敢於冒險犯難並能夠化險為夷才是關鍵。他們非比常人之處在於膽敢挑戰失敗的可能，即便受挫也不會停下腳步，如此難以想像的抗壓韌性皆是源自於胸懷遠大的目標和使命。

擁有高度抗壓韌性的關鍵：

- 在錯誤中加速學習
- 精通快速調整目標的能力
- 承擔精算後的風險

我從跟過的執行長身上學到，如果你追求的是比自身更為重要的使命，自然而然會培養出卓越的抗壓韌性。使命感讓人勇往直前，在向夢想前進的路上，一次又一次的接受挫敗。貝佐斯常說，創業家必須接受自己會長時間受眾人誤解，要做到如此，就需要無與倫比的抗壓韌性。

為了達成人生目標，我數度被迫學著承擔莫大的風險和可能的丟臉時刻。如果沒有這些經歷，我的人生會一直處於微不足道又充滿遺憾的狀態。好在工作逼著我在短時間內明白，如果想實現人生的最大價值、盡可能地服務更多人，我就必須選擇勇敢。其實更精確的說法是，我先選擇了堅忍不拔，無比勇氣才隨之而來。

在錯誤中加速學習

我在本書的開頭就提到，有次我差點害死了貝佐斯。

在亞馬遜工作幾個月後，傑夫有天來到我辦公桌旁，要我處理一個不太尋常的專案，主要是他想要造訪幾處德州土地，但只有短短幾天的空檔。他神神秘秘地放了一張紙條在我桌上，上頭列了好幾串數字。起初，我以為又是什麼腦筋急轉彎，但身為前戰鬥機駕駛的女兒，我突然靈光乍現，那是GPS座標。

沒多久我做了一張標有那些地點的地圖，然後發現這些地點距離太遠，開車的話不可能在傑夫給的有限時間內參觀完畢；包機也不是可行方案，因為那些土地附近的機場要近不近、要遠不遠，搭機反而浪費時間。

我把研究結果給我的主管約翰．康納斯（John Connors）看並說：「我覺得傑夫的要求應該辦不到，我們需要更多時間，或是把要參觀的土地清單刪減一下。」

我最後一個字才剛說完，約翰就直接回我：「沒有辦不到這個答案。」

我只好回辦公桌前繼續苦思，釐清主要問題後靈機一動，最理想的交通工具必須速度比開車快，又不能像飛機起降這麼麻煩。

直升機！

我興奮地衝去跟約翰說我的想法。

「很好，就這麼辦。」他頭也沒抬地回道，好像租借直升機是再稀鬆平常不過的小事。

當時我才二十初頭，從未租過直升機，當然在通訊錄上也沒有任何相關聯絡資訊。我思考了一下，決定打給我們平常用於往返西雅圖和德州包機的包機公司，看能不能透過他們租借直升機，成功！

跌落谷底・記取教訓

和公司內部團隊完成安全審查後，我預約了人生的第一架直升機。好險整趟旅程非常順利，傑夫從德州回來時更加醉心於這個專案了。(此時我還是不知道他想在德州建造什麼。）幾週後，傑夫要我再安排一趟德州行，想再看一次最感興趣的那幾塊土地，然後才會決定要買的標的。

過沒多久，傑夫就和直升機駕駛員一起出發了，預計隔天回來。然而，接下來發生的事讓這趟行程的分分秒秒都烙印在我的大腦和神經上，揮之不去。至今為止，我還是可以在腦海看到那一幕幕的畫面，用令人痛苦萬分的慢動作不斷反覆播放。

那天早上，我提早進了辦公室，和平常一樣準備起當天的工作。就在我閱讀簡報時，辦公桌上的電話響起，是一位直升機駕駛員打來的，之前我從未接過機組人員的電話。他們叫我不要緊張，但聽到這句話我整個人就緊繃了起來。他們在準備隔日要從德州飛回西雅圖的回程航班書面文件時，掃描儀上的緊急求救信標突然響起。他們尚無法確認是哪架直升機，也不知道出事的直升機狀況如何，但很可能就是傑夫搭乘的那架直升機墜機了。

聽完我的雙手不停顫抖，連筆都握不好。我和主管約翰說了這個消息，他同意我先召集緊急董事會，為任何可能情況做好準備。如果傑夫受傷或死亡，我們必須擬好相關通訊內容和策略方案。由於失事地點離大城市或醫院都有一段距離，所以我知道緊急救難人員需要一段時間才能找到失事直升機的求救訊號。

我滿腦子都在想，自己會不會成為害死傑夫·貝佐斯以及亞馬遜整間公司的兇手，甚至是親手扼殺了電商的未來。當時是二〇〇三年初，亞馬遜的所有價值基本上是源自於對傑夫的信仰，公司本身還算不上「真的」有獲利。確實，亞馬遜有幾季獲利不錯，但傑夫刻意不將公司前五年的成長目標放在獲利上。

在傑夫高瞻遠矚的領導之下，亞馬遜是網際網路泡沫時期少數幾間存活下來的科技公司。這個經驗使傑夫更敢於遵從直覺，執行簡單明瞭又膽大妄為的成長策略，且不顧投資者的質疑聲浪，採用突破常規的商業計畫。我非常害怕傑夫聰明絕頂的策略以及他和亞馬遜眾員工多年的拼搏，都將隨著那架墜毀在德州西部某處的直升機化為烏有。

經過幾小時漫長的等待，我得知的確是我替傑夫租下的那架直升機墜機了，而這位當代最具遠見卓識的人物就在那架直升機上，可沒人知悉直升機究竟位於何處，也無人知曉機上乘客的命運。

就在我們召集了緊急董事會，準備為所有可能情境擬定作戰計畫的同時，我開始打遍德州西部偏遠城鎮的醫院電話，詢問是否有任何人因為直升機墜機意外入院。前幾通電話得到的回應都是不太清楚，最後打到第四間醫院時，櫃檯人員聽完我的問題後就回說：「你是他的家人嗎？」我馬上知道找對地方了。

傑夫當時正在拜訪一座牧場，就位在德州大教堂山（Cathedral Mountain）附近的峽谷，當天天氣很冷，那架單引擎直升機載著傑夫、他的個人助理和駕駛員。他們飛到傑夫想再看一次的第一座牧場，因為想從空中視察整塊土地，便載了噸位不小的牧場主人。這時天氣回暖，引擎不夠有力，無法承受額外的重量，於是在起飛時直升機的尾翼打到了一顆樹並翻覆，然後墜落在一旁的小溪中，像雞蛋一樣碎了開來。

那天傑夫實實在在地證明了他真的是位超級英雄。我想他很喜歡講述這個故事（誰會不愛？），畢竟他救了機上的所有人。（而我每次想起那天，還是會手心冒汗。）

直升機墜河後，傑夫自己先脫困了，接著馬上把駕駛員救出來，然後再把肩膀嚴重受傷的牧場主人拖離傑夫的個人助理身上，而她因為被牧場主人壓在下面，所以背部脊椎也因此骨折。等眾人都安全後，傑夫馬上用我為他準備的衛星電話求救，請醫用直升機載所有人到最近的醫院接受治療。

墜機那天是亞馬遜新任通訊部門副總裁上任的第一天，所以我想她也很難忘懷自己任期的第一天。傑夫打給董事會時，他們早擬好適用不同狀況的聲明，包括傑夫身亡的情況。

傑夫要求董事會不要發表任何太積極的聲明，最好把這起意外的消息盡可能地壓下來。當時沒人知道傑夫在德州買下的土地，後來會成為「藍色起源」（Blue Origin）的基地，也就是他一手打造的私人航太旅遊公司。傑夫從小的夢想就是飛到外太空。尼爾．阿姆斯壯（Neil Armstrong）首次在月球漫步時，傑夫年方五歲，那個畫面深深印在他的腦海裡。高中畢業時，他在畢業生代表致辭上對所有學生說，他會上外太空——不是他「想要」上外太空——他一定會。建造藍色起源就是要實現這個承諾，而且他當時有意角逐新成立的「X獎基金會」（XPRIZE）發起的私人太空飛行獎項。傑夫、他的夢想以及亞馬遜的未來，差點就在那天劃下句點了。

當時我已做好被解僱的準備，畢竟差點害死自家公司的老闆是非常合理的解聘事由。然而，意外落幕後，傑夫走來和我聊天，當時他說的話讓我永生難忘，他說：「安，聽說妳在壓力下表現得很不錯。」我這輩子從未如此如釋重負或感激涕零過。

信心滿滿・再次出發

這次的事件徹底改變了我們的工作關係與我的思維模式。傑夫現在相信他可以把重責大任交付給我這個菜鳥員工，就算出了任何大事，我還是能保持冷靜、找出該問的問題。而或許最重要的一點是，我學會即便遇到任何慘不忍睹的問題，還是要相信自己與直覺。

我從工作史上最糟的一天學到，錯誤對於加快學習速度有多大的幫助。如果直升機沒有墜機，我可能要花上好幾年的時間，才能學會我在那一天內學到的所有事情，包括相信直覺、危機管理、分派任務、和位高權重的人溝通，以及在沒有正式職權的情況下帶領團隊。

我當然不是說直升機墜毀是件值得開心的事，但這起意外加深了我對自己的認識，為此我心懷感激、永生不忘。不僅如此，從那天起，我就只租用配備雙引擎的直升機！

謝天謝地，從接近災難性的事件中重新站穩腳步是在亞馬遜工作的家常便飯。傑夫是一九九九年美國《時代》雜誌的年度風雲人物，當時他年僅三十五歲，是史上第四年輕榮獲這項殊榮的人，僅次於獲獎時年方二十五歲的查爾斯・林白（Charles Lindbergh)，他也是第一位獲得這個獎項的人、二十六歲的伊莉莎白二世（Queen Elizabeth）以及三十四歲的小馬丁・路德・金恩（Martin Luther King Jr.）。但在獲獎後，亞馬遜的營運狀況開始急轉直下，傑夫花了四年的時間才從谷底走出來。

當時亞馬遜成立已邁入第四年，卻還沒開始獲利。亞馬遜在一九九五年僅有三百名客戶，到了一九九九年時，客戶人數已成長至一千三百萬餘名，銷售額更達到八十億美元。儘管已取得如此成就，華爾街對亞馬遜的獲利能力還是抱持懷疑態度，擔心這間公司也會成為網際網路泡沫化下的受害者。然而，儘管尚未獲利，亞馬遜的估值仍然居高不下。

到了二〇〇〇年，為了維持公司營運，傑夫的貸款金額已高達二十億元美元，而網際網路泡沫已兵臨城下。我在二〇〇二年加入亞馬遜時，公司好不容易才躲過破產危機，但在收益不見成長的情況下，我們必須解雇物流中心百分之十四的員工。

在我加入的第二年，也就是二〇〇三年，傑夫的長期成長策略開始發揮功效，亞馬遜交出四億美元獲利的漂亮成績單。接下來是一連串的穩定成長，一直持續到我們今日所見的飛躍性成長，一切都要歸功於傑夫的豪賭精神和必勝決心。

無視眾人的質疑聲浪，傑夫對自己的計畫信心滿滿，帶領著團隊和公司投入一個又一個的專案，一手打造並形塑了現今的電子商務。他堅持聚焦在長期成長，不會為了取悅投資者而做出創造短期利潤的決策，不像某些競爭公司採取的策略，而亞馬遜最終也因此成為當今龍頭。然而，當時還無法預見遙遠未來才會出現的效益，持懷疑態度的投資人開始擔心，傑夫會不會也是其中一位失敗者。

傑夫的遠見和員工的努力在二〇〇三年末開始有所回報，我們正式宣布這是亞馬遜獲利的第一年。公司的業務迅速拓展至不同的新市場和書籍以外的新產品。二〇〇二年是我在亞馬遜的第一年，傑夫推出了「超級免運」(Super Saver Shipping) 服務，現在幾乎已是所有客戶的必備要求，我們無法想像沒有免運的世界。

雖然這個創新策略最終大獲成功，但董事會一開始完全不相信這麼做會有任何效果，也不覺得這是長遠可行的商業計畫，畢竟亞馬遜的利潤率已經不太好看了，而傑夫的商業模式又太過於別開生面。我參與了當初的每場董事會會議，還聽見他們說要找一位經驗更豐富的「專業」執行長，好約束一下貝佐斯這些看似瘋狂的想法。

在公司草創初期的那些年，傑夫雖然經常瀕臨失敗邊緣，但也因此更加地認識自己，愈來愈能夠忍受風險，招募時只選擇能提高標準的人才，把資源大量投注在使用者體驗上，並一次次在自己身上孤注一擲、毫無悔意。他是我能想到的最佳典範，能夠把錯誤當成加速學習的機會，進而把失敗轉換成長遠優勢。

精通快速調整目標的能力

差點害死老闆的另一個好處是，你會更加認識自己和公司的同事。經過這次教訓，我很快就明白抗壓韌性有多重要，想在矽谷成就一番事業，這是必不可少的特質。多年以後，當我在 Google 擔任新職務之時，我的抗壓韌性肌肉又不得不好好地伸展一下。當手上有太多工作讓你難以專心時，很容易就會犯下所謂的遺漏失誤[2]（errors of omission），然後忘了自己的初衷。

我在 Google 的頭五年充滿了考驗，請聽我娓娓道來。第一年異常艱辛，主要是因為我必須在很短的時間內快速上手，而且甫進公司就接手了雪片般飛來的業務，幾乎沒人告訴我該如何完成任何工作。

我所屬團隊的工作交期緊繃，而且必須用快到嚇死人的步調發想、實作與產出各式產品，他們連喘口氣的時間都沒有，更不可能有時間向我解釋他們一直在說的那些名稱、縮寫和術語到底代表什麼意思。現在加入 Google 的新進職員可以透過專屬的內部參照字典來學會Google行話，但當年我只能靠自己解決。

我剛到職時誰都不認識，也沒有任何資源可以用來完成交付給我的任務。那個階段的公司幾乎沒有任何正式工作流程，你只能邊做邊想、盡量把事情做對、找出關鍵決策者，然後希望一切順利。因為公司很小，大家都知道彼此的名字，所以一切事情都要靠關係才能完成。悲慘的是一開始我不認識任何人，然後手上又被分派到一堆進度落後的大型專案。

抬起頭來．觀察四周

我在Google的第一天就去了附近飯店的會議室參加團隊外部會議。梅麗莎帶領的整個產品團隊擠滿了會議室，每個人輪流對未來十年Google產品的可能發展簡報自己的點子，有人的簡報是手繪草稿，有人卻是正規的實物模型。簡報格式的品質根本不重要，整場活動的主要目的是讓團隊成員逼自己動腦，想像未來Google使用者的需求，以及我們可以如何打造出日後會派上用場的技術與工具。透過這種從未來往回看的方式

2.（譯註）意指沒有做到應該做的事，或是遺漏了該記下的金額數字或事實。

來規劃產品願景，是Google今日之所以能有如此影響力的關鍵。

其中有場簡報特別讓我印象深刻，那份簡報的原始構想後來成為我們現在每天都在用的「Google 圖片搜尋」。透過圖像辨識技術來提供搜尋結果是極度天馬行空的想法，因為當時根本沒有這項技術，不僅從技術面來說非常複雜，更需要索引數量難以估量的圖像數據，想要實現這個構想必然會耗上數年的時間。我等於親眼見證了歷史被創造出來的第一天。

雖然我偶爾能感受到公司令人振奮的偉大使命，但我在Google第一年的工作內容大多吃力不討好、不為人所見，而且好像永遠看不到盡頭。為了應付這些讓我疲於奔命的工作量，我出於本能開始埋頭苦幹，每天工作十八小時，試圖消化掉眼前堆積如山的工作。這個決定錯得離譜。

我到現在還留著第一年的筆記本，上頭寫滿了歪七扭八、難以辨識的筆記，其中大部分都是在問我負責的那些任務到底是什麼（因為每項專案都充滿了一堆我根本看不懂的代碼名稱）、我應該和誰合作（因為所有員工都是以電子郵件地址——或是輕型目錄存取協定〔LDAP〕——代稱，不會用真實姓名），以及專案真正的最後期限是什麼（因為產品發布日期是根據多個同時進行、先後順序不斷變化的專案來決定）。

我、梅麗莎以及另外兩位直屬員工一起共用一間辦公室。我們的辦公室等於是園區的行動中樞，產品團隊共有七百人，我感覺好像每位團隊成員每天幾乎都會至少來我們的辦公室轉一圈。後來我學會不去聽身邊混亂的討論聲浪，只注意和我工作有關的內容。

我幾乎沒離開過自己的辦公桌，即使離我走路不到一分鐘的地方就有間咖啡廳，每天免費供應三餐，但我一次都沒去過，忙到沒時間吃飯。有時同事看不下去會帶食物給我，結果放在鍵盤旁好幾個小時，我卻忘個精光，最後只好心懷愧疚地把它丟掉。我還記得當初超怕膀胱發炎，雖然洗手間距離我大概才三公尺，但我從沒起身去上廁所，因為真的忙翻了。

幾個月後終於出事了。我記得那天本來心情不錯，覺得自己終於成為團隊的一員，好像總算搞懂了我們在打造的產品以及需要完成的項目；不僅如此，我也和幾位超棒的人交了朋友，他們教我學習術語和把事做好的方法。但梅麗莎那天的態度超奇怪，她通常都很活潑健談，可那天她每次看到我時都一語不發，一副非常生氣的樣子，又處處躲著我，但我毫無頭緒發生了什麼事。

我盡量不胡思亂想，但那天準備下班時，梅麗莎再度刻意不和我說話，我忍不住跟到她的車邊。我自認我們已培養出挺好的工作關係，所以當她說沒事時，我還是不斷追問，當我又再問了一次，她終於說了實話。

原來是執行長艾瑞克．施密特有場在隔天召集的重大會議，所有高級副總裁都會參與，結果沒人和本來應該列席的梅麗莎說這件事。梅麗莎是唯一一位不是高級副總裁的與會人員，所以慣用的群組聯絡人名單中也沒有她，艾瑞克的助理便忘了另外把梅麗莎新增至日曆項目。開會那天梅麗莎難得排了個人活動，許多人已從世界各地搭飛機過來參加，所以根本不可能改期；即便如此，這完全不是錯過和執行長開會的適當理由。

梅麗莎真正氣的是「我」。相較於執行長的助理忘了寄出邀請，她更氣的是我居然不知道這場會議。

我聽完心都碎了，覺得不公平、受到針對。我在腦中一一列出自己為這份工作做出的所有犧牲，不僅離開了博士學程、為了她和產品團隊每天工作十八小時，只為了幫公司順利向全世界推出產品，但我卻受到如此對待？

搭Google接駁巴士回家一個半小時的車程，我整路都在生悶氣，不像平時一樣認真閱讀工作上的電子郵件。那晚我躺在床上睡不著，腦袋終於清醒了一點，細思發現梅麗莎說得沒錯，從工作的第一天開始，我一直執著於績效表現，未曾把目光從辦公桌上無窮無盡的龐大工作量上移開。可我忘了自己是梅麗莎的特助，存在的目的是要代表她和團隊的最佳利益，其他任務雖然重要，但應該擺在次要位置。這次確實是我的疏忽，不論有意還無心，這個錯本該算在我頭上。

在那個失眠的夜晚，我下定決心要馬上進行工作目標調整。

聰明工作，不要賣命

為了讓工作更有效率，我必須把眼光放遠，聚焦在可以幫助梅麗莎和團隊獲致成功的必備要件：人脈關係。我必須離開辦公桌，和形形色色的同事打好關係，不要滿腦子都想著那些永遠都做不完的小任務。如果人脈是在 Google 把事情做好的方式，我就必須在公司建立起人脈網，也就是我說的「友誼貨幣」儲備金。

我必須打好人際關係、建立信任感、順手幫些小忙、讓大家想要和我一起工作。如果我早點這麼做，執行長的助理就不可能會忘了邀請梅麗莎，因為她只要在咖啡廳看到我的臉，或是聽別人提起我的名字，就會及早發現失誤。一直以來我很賣命地在工作，方法卻不太聰明，是時候做出改變了。我開始找出優先要務，然後積極地創造機會與同事交流並培養良好關係。

史蒂芬・柯維（Stephen Covey）在他的著作《與成功有約：高效能人士的七個習慣》（*The 7 habits Of Highly Effective People*）中講到一個關於大石頭、小碎石和沙子的比喻，不僅使這個比喻家喻戶曉，更能清楚說明我的學習經驗。比喻內容如下：在玻璃罐中先放入大石頭，接著加入小碎石，最後才倒入沙子填滿剩下的空間；石頭代表主要的里程碑目標、小碎石是和短期目標相關的任務，細沙指的是那些永遠做不完、但無助於成功達標的瑣碎事務；如果先把沙子裝進玻璃罐，就沒空間擺入必不可少的大石頭了。這是基層員工常犯的錯，我也不例外。所以說，成功之道的關鍵就是安排好工作的執行順序。

即便你拼命做好那些繁雜瑣碎且通常不費腦力的「細沙」級任務，還是很可能與成功無緣。學到這個至關重要的教訓後，我開始把注意力、精力、時間完全擺在推動將成為日後成功基石的那些「大石頭」上，並相信其他小碎石和沙子級的任務自然會找到時間處理。

這對我來是極其重大的心態轉變，也是我在 Google 長達十二年的職涯中第一個關鍵轉向時刻，當然絕不會是最後一個。在接下來的旅程中，我有時還是無法即時辨識出核心任務，所以必須不斷調整目標，而這個工作模式引領我一再地獲致成功。

承擔精算後的風險

我和梅麗莎的關係因此有了大幅改善，我也更加喜歡彼此的合作關係。有天她邀我一起去參加在蘇黎世舉行的一場會議，同行的人包括整個管理高層，我感到興奮難耐又惶恐不安。這是我深入認識公司團隊的大好機會，同時還能參與他們手上影響力十足的全球專案。

我們一起搭乘 Google 創辦人的私人飛機波音 757，從加州飛往蘇黎世，機上大概有二十來位 Google 的高階主管。我從未搭過私人飛機，更別提波音 757 這架了，而且還和全世界最具影響力的幾位大人物站在一起。

我記得當時緊張得不得了，也不知道自己該做些什麼。起飛後一小時左右，我坐在一張面朝機尾的椅子上用筆電，盡量不要干擾到其他人，這時 Google 共同創辦人賴利．佩吉（Larry Page）向我走來並問了個問題。雖然賴利的辦公室離我的辦公桌僅幾步之遙，我們每天也都會見到對方，但從未私下聊過天，因此我很開心有機會和他談話、多認識他一點，同時也因為想要留下好印象緊張得不得了。

我把開著的筆電放在椅子上，然後起身和他說話。正當我在和賴利說話時，空服員拿了瓶健怡可樂給我，我完全忘了她之前問過我。接著突然間飛機因為亂流大力震了一下，賴利和我都失去了平衡，差點摔倒；我手中的健怡可樂飛了出去，整罐飲料倒在筆電的鍵盤上和座椅灰白色的布料上。

我嚇壞了，我不只毀了公司設備、弄髒了私人噴射機的座椅，而且就在賴利的面前！我真想打開機門直接跳出去。

賴利沒有任何特別反應，還好心安慰我：「沒事的，有人會處理，至少你沒受傷！」雖然賴利真的很體貼，但我還是感覺糟透了。後來機上大家都睡著了，各自躺在座椅、沙發和地板上，只有我坐得直挺挺的，清醒得不得了，眼睛盯著開不起來的筆電，滿腦子都是慘烈的事發經過。

在接下來的航程，我先任由自己淹沒在滿滿的羞恥感當中，然後再告訴自己最好趕快轉換心態。我可以選擇為了這種「細沙」級的失誤無地自容、裹足不前，或是想辦法做出補償，像是在接下來的行程中力求表現、發揮作用。一抵達 Google 在蘇黎世的辦公室，我馬上跑去技術支援部門「TechStop」申請一台新筆電，然後和高階主管團隊一起參與會議。

從後領導．休戚與共

接下來三天我都沒什麼睡，一方面是時差關係，另一方面是內疚感驅使我盡全力貢獻價值。我一分一秒都不浪費，抓緊每個機會和高層管理人員建立更為個人的關係，不像在加州山景城總部時都是在談論公事。在蘇黎世的最後一天，梅麗莎和我也享受了一段難得的獨處時光，她帶我去一間她最愛的餐廳吃起司火鍋，就位在瑞銀（UBS）的集團研究室附近，她從史丹佛大學畢業後在那實習，後來就加入了Google。

旅程結束時，梅麗莎跟我說這次有我在真的幫了大忙，而且我表現得很好。我好慶幸自己當時能馬上轉移注意力，把羞愧當成前進的動力，而不是逃避的藉口。

工作了這麼多年，我發生過好幾次在重要人士面前犯下了令我狼狽不已的錯誤，這項技巧馬上派上了用場。如果我沒有在正式行程開始前就轉換好心態，之後就不可能和公司的高階主管建立關係；而接下來的幾年，他們正是我苦心經營的關係，才願意把許多高階專案和任務交托予我。擁有失敗後快速轉換心態的智慧讓我贏得了信任，若非如此，在有重要專案或升遷機會時高層一定不會想到我。這就是Google為何強調「及早失敗、勇於失敗」的概念，唯有全心擁抱這種學習過程，並實際應用在職場上，方能所有成長。

如果想成為不可或缺的人才並在團隊中發光發熱，尤其是在事業剛起步之時，最有效的辦法就是持續不懈地自願去做沒人想做的事，在沒人要求你的情況下更要如此。如此一來你會因此建立起「總是能把事情做好」的優良聲望，大家都會知道你擁有遠大鮮明的願景和見地，而且總是積極主動地幫忙。而這也成了我日後升遷和招聘人才時的核心精神。

冒正確的險是突破創新和全面轉型的關鍵，對個人的職涯成長策略來說更是重要。我在產品團隊為梅麗莎工作了三年，每天都能看見冒險進取的真實案例，那是段充滿挑戰、歷險和心痛的時光，也是我一生難忘的回憶。至今為止，我最親密的友誼都是來自早年在 Google 認識的人。一起經歷過具有歷史意義的艱難時刻，讓我們建立起無可撼動的穩固關係，也是造就了無可取代的情誼。

在梅麗莎的帶領下，我學會如何鼓勵大型團隊同步調整目標，源源不絕地產出新點子並化為實際行動。同時，我也深刻了解到如何在公司內把事情做好，以及把構想從概念變成上市產品的整個流程。這個學習過程絕不是什麼順暢無比、一條到底的生產線，永遠都有意想不到的阻礙。我才知道產品創造週期中的每個階段以及每個人在生產線上扮演的角色，都有著不可輕忽的地位。這項基本認知是我翻開職涯下一篇章的關鍵。

有些風險需要整個團隊休戚與共，有些冒險旅程則必須獨自前行；有時候，個人的進步與發展還會讓周遭的人倍感威脅。

顛覆現狀．勇於突破

艾瑞克．施密特的特助潘恩．蕭爾（Pam Shore）有天跑來跟我說，執行長辦公室有個職缺，想問問看我有沒有興趣加入。我之前因為產品上市活動和艾瑞克的團隊多有互動，但都是從旁認識，對他們的了解並不深。

我喜歡潘恩的領導風格和膽量，她自稱是公司的「鴨媽媽」，帶著大家排好隊伍、保持步調一致。過去十年艾瑞克在三間不同的公司擔任執行長，她都一直跟隨左右，他們擁有好到不可思議的工作關係。我從未想過離開梅麗莎的團隊，一開始我很猶豫該如何回覆，最後好奇心戰勝了一切，我想說先和對方談談應該沒關係，多了解一下職務內容以及和艾瑞克一起工作的情況。

艾瑞克・施密特身為Google的執行長，在招募高階管理人員時會細心留意候選人獨有的才能、目標和動力，這都是我親眼見識過的；也聽過他是如何成功請到雪柔・桑德伯格（Sheryl Sandberg）的故事，當時她對加入Google的角色權限多有顧慮。直至今日，Google尋尋覓覓的都是人才，而不是適合某個職缺的員工，許多候選人在對工作內容一無所知前就決定加入了。雪柔當時很擔心這種非比尋常的招募方式，希望進一步了解她加入公司實際上可以帶來什麼貢獻。艾瑞克最後用了這句話打動她：「如果有人給妳搭火箭的機會，你不會問座位在哪，坐上去就對了！」然後雪柔就接下了這份工作，而我也是。

在和艾瑞克的非正式面談中，好險他沒像多年前傑夫・貝佐斯一樣問我腦筋急轉彎。他說我先前在亞馬遜工作的經歷和在Google做出的成績，就是我具備擔此職位的最好證明，現在只需要確認我適不適合這個團隊。我很驚訝艾瑞克居然知道我是誰，更別提聽過我的工作表現了。我必須承認，這件事讓過去三年那些沒完沒了的繁瑣事務和無人感謝的深夜加班都顯得更加值得了。

艾瑞克對長期目標的工作哲學以及不僅要擴大影響力、更要開創傳承的壯志，正中我心。為了完成專業目標，他把打造不同凡響的團隊當作第一要務，不遺餘力地尋求任何可用的頂尖人才。當他在面談時直接邀我加入團隊，我倍感榮幸，完全沒辦法說不！

這是對我的人生造成最大影響的工作變動，但我沒料到代價是未來幾年我都要為此感到不好意思。首先，梅麗莎認為我決定加入執行長的團隊是對她個人的背叛。她覺得我的離開等於不相信她的事業進程以及她要成為執行長的個人目標，但我完全沒有那個意思。我百分百相信她很快就能當上執行長，之前也認定我會和她一起工作到夢想成真的那天。

然而，聽艾瑞克說完他的團隊哲學時，我已經完全被說服了。他說工作對他來說就像跑馬拉松一樣，你必須投入資源培養團隊成員的肌力和耐力，花時間和隊友相處，交付逼近他們能力極限的艱鉅任務，同時給他們充分的自主權去學習、實驗和成長。梅麗莎也很用心地在培養和支持她的團隊，不斷努力為我們爭取薪酬、進展和認可。然而，艾瑞克營造的團隊環境擁有更廣泛的資源和內建的後援能力，也就是說我不用擔心整個團隊會因為我的一著不慎而滿盤皆輸。

替梅麗莎工作感覺就像每天都要衝刺跑完全馬一樣，雖然很刺激，但我的跑者快感已經開始在消退。我和她試著執行了幾個系統，想要調整工作的步調和效率，讓我們可以更聰明而不是更拼命的工作；但問題是梅麗莎就是個超人，不像其他人一樣需要睡覺或恢復時間，依然能夠發揮精湛的專業能力。她是貨真價實地熱衷於工作，但我才是自欺欺人的那個人。

我的私生活每況愈下，必須找出能夠長期維持下去的工作步調，同時又不能錯過難得一見的專案和創造影響力的機會。如果想要兩者兼顧，我勢必得接受工作調動、加入另一個團隊。

不僅如此，我必須承認，我不想因為怕讓別人失望而畏縮不前，而且我必須選擇能夠自我提升的適當機會。我不得不冒這個險。我不想因為沒有按部就班地學習各種核心技能以及累積自己在公司其他業務領域的專業知識，而在未來錯失帶領專案和獲得升遷的機會。

我必須有縝密的成長計畫，適時爭取利害關係人的同意和支持，而這個新職位將帶來我之前沒機會參與的專案。這不是被動的決定，我也有向許多敬重的前輩尋求意見和權衡，但最終我決定這是值得放手一搏的賭注。我認為這是我在 Google 超越職級、嶄露頭角的最好辦法。為此，我只能認命接受，在接下來很長一段時間內我都必須面對有些尷尬的窘境。

其實，我之前的職涯決策也曾讓一位執行長大失所望，也就是傑夫・貝佐斯。在我離開亞馬遜數年後，有位前同事和傑夫一起來參加一場位於加州的會議，所以我們決定下班後聚聚。我很興奮能和他見面，聊聊共同朋友的近況以及亞馬遜最近發展得有多好，結果開心沒多久，他突然提及傑夫很氣我放棄博士學程，跑去他視為競爭對手的 Google 工作。一開始我是想不透傑夫怎麼會談到、甚至想到我的事，但接下來我愈想愈難過。至今為止，每次想到傑夫認為我個人的事業決定等同於不在乎他這個人以及我們團隊在亞馬遜和 A9 締造的成果，我的心還是隱隱作痛。

傑夫．貝佐斯和梅麗莎．梅爾這類的領袖人物，他們的共通點在於工作和個人生活之間並無分別，他們自身和追隨者的所作所為代表著他們，所以才有能力開創一番驚人事業。雖然他們有段時間會覺得我背叛了他們，但不管怎樣，這兩位是我職涯中缺一不可的重要夥伴與關鍵經歷。

我那時還必須刻意排定整套的計畫，透過明確的成長目標來重拾自信，才不會一想到我景仰的人對我失望透頂，就被難堪不安的感受淹沒。然而，這次的事業變動迫使我學著坦然面對不安的方式還不只如此。

成長中樞 · 全心投入

在我事業充滿變動的這段期間，我突然不再受限於他人對我職位或工作模式的既有期待，而且不再把目光放在與我平級的同事身上，反而重新聚焦在能夠更快成長、創造更大影響的機會上。

在艾瑞克手下工作的第一季，我替自己設定了兩個至關緊要的目標：首先是要讓所有高級副總裁和董事會成員認識且信任我，第二是要透徹了解公司的核心成長策略。

如果我想擁有足夠的影響力，好在未來成為 Google 的「長字輩」（C-suite），我就必須想方設法，和比我高階許多的主管合作並取得他們的信賴與尊敬。我花了好些時間才想清楚要如何達成這些目標的第一階段。

艾瑞克每天早上都會舉行高階主管會議，與會人包括 Google 的共同創辦人和高級副總裁。為了有時間排定議程，並讓與會人員能在週末詳閱與準備會議資料，相關提交內容和開會資料的截止期限設在星期五，再交由專人負責把提交內容彙整成一份文件。

想當然耳，一定有人會在週末而不是週五才交出資料，因為要彙報的資訊一直在增加，加上有些財報內容必須等一週結束才能開始分析。我從這個問題中看見機會，不只有益於我的個人目標，還能對公司最高階的主管有所貢獻。

這些文件的彙整工作是由一位專案經理雅爾（Yael）負責，我之前在產品團隊效力時曾和她合作過，於是我自願每週幫她追蹤遲交的資料，並在星期一早上前整理出最終版文件。也就是說，我等於每個週末都要工作。

雖然我也不喜歡在假日工作，但我更重視有機會和這些高級副總裁及其團隊密切聯繫。我們一起賣力工作，奠定了難以取代的良好關係。我漸漸了解到公司每個部門的工作內容、哪些部分進展良好、哪些領域是各團隊最頭大的，以及公司想在哪些領域投注資源並取得策略性發展。

投入這項專案讓我得以深入了解公司的運作模式，尤其是公司現正處於成長的關鍵階段。仔細研讀每份報告對我在完成其他職責時也多有助益，裡頭的資訊讓我言之有物，得以提出更適當的建議以及實際的回饋和指引。我開始能夠看見公司的走向，也能及時知悉某個團隊或產品上市活動是否能有所斬獲，或是需要特別的關注和資源才不會一敗塗地。

然而，為了做到這個程度，我必須先不斷地提問，明明白白告訴大家，我對公司的諸多重要領域所知甚少。我當然痛恨問蠢問題，但我心知肚明別無他法，不懂裝懂是不可能貫徹我的雄心壯志的。我必須習慣讓公司位高權重的所有長官都看見我有多坐立難安，同時拼盡全力補足知識上的落差。我在研究所時就學會了這項技能，畢竟那時我經常覺得自己像是被一群專家包圍的大外行。以上這些都是經過深思熟慮的冒險行動。

不過這種「再不舒服也要硬著頭皮去做」的必要性並沒有如我預期的隨著時間降低，但這也是我之所以能在 Google 待上十二年的原因。從進公司開始，我就養成了主動提供協助的習慣，就算不屬於我的核心技能和業務範圍也沒有關係；隨著我在工作上愈來愈得心應手，這個習慣不減反增。

和艾瑞克一起工作的這十年，我一再要求自己投入更多，好提升自己在策略和內容端的貢獻。為了實現遠大抱負又不要把自己累死，我必須發揮創意來簡化流程、委派任務、吸引新夥伴並引進新做法，才能空出時間面對新挑戰。我花了好些時間才把事情做對，而調整的過程中難免遇到些不好應付的棘手時刻。

事實是很殘酷的，即便年資再深或經驗再豐富，冒險犯難時難免會自我質疑。只要你一直在學習、成長，這種侷促不安的感受就會是日常，而終極目標是不要一直在舒適圈裡安逸下去。所有高效領導者都付出了極大心力去培養無比自信和高超技能，也學會如何在可承受的範圍內背水一戰，為的是追求更好的自己與實現創新的主意。

這就是創業家口中「登月計畫」的舞台，所有顛覆傳統的大型科技公司創辦人都是透過這種方式來實現願景，也就是透過從未來往回看的角度來迎接挑戰。

「登月」是指本質上非常遠大且複雜的專案，一路上勢必會屢屢受挫。在登月之前，你必須先學會下對賭注、不怕失敗、找出如何以創新方式調整與分配手中資源，還要能夠善用自身所知所學，才能讓追夢之路更加妥當。正因如此，矽谷的創投公司通常喜歡投資過去有不只一次創業失敗記錄的創業家，因為不曾受挫就不會具備完成登月計畫所需的智慧、信心和其他工具。對這些投資專家來說，過去的敗北經驗不僅無害，反而是日後大獲全勝的重要預測因子；唯有曾經摔得頭破血流的人，才能累積足夠的抗壓韌性去創造無遠弗屆的影響力。

我們不也應該這樣要求自己嗎？如果把心力投注在比自己更偉大的目標上，為身邊的環境做出貢獻，就有機會達成難以想像的登月成就。光想到能為世人做出一番豐功偉業就讓人熱血沸騰！

雖然安穩地待在舒適圈內好像比較安全無害，但其實這麼想就注定了失敗的命運，因為你將無法發揮潛能，也無緣體會到冒險犯難時的快樂與成長。

想要獲得具有實質意義的成就，你就必須經歷選定目標、實際嘗試、遭遇挫折、調整方向、然後再試一次的反覆循環。沒有人一開始就是大師，我們在社群媒體上看到的都是經過篩選的訊息，再三強調那些少之又少、甚至是經過包裝的完美表現，反覆接收這樣的訊息會影響到我們對人生的認知，進而危及我們的決心，使我們選擇消極以對。愈來愈多人害怕嘗試新事物，其中又以年輕人的情況最為嚴重，因為他們知道自己無法在第一次就完美演出，但面對自己崇拜且想要留下好印象的偶像，這些孩子只看見動態訊息中一次次的完美演出。

如果你想成就任何有意義或價值的事，就不能把完美當成目標，面對艱難挑戰所能獲得的經驗、知識、成長和快樂必須是目標也是回報，唯有透過反覆練習，我們才能學習、進步，然後有所作為。

大衛．貝爾斯（David Bayles）和泰德．奧蘭德（Ted Orland）在他們的著作《開啟創作自信之旅》（*Art & Fear*）中提到了一個故事，剛好可以完美解釋反覆練習就會進步的原則。在佛羅里達大學（University of Florida）一堂攝影課開課的第一天，傑利．尤斯曼（Jerry Uelsmann）教授把學生分成兩組，他告訴第一組的學生，課堂成績是根據他們在上課期間交出的所有照片來評分，然後跟第二組的學生說，他們在學期最後一天要交出一張照片，課堂成績會以那張照片當作唯一的評分標準。尤斯曼教授學期終了時發現了很驚人的結果：最高分的作業都是來自於以量取勝的第一組。也就是說，學生在不斷嘗試的情況下，照片品質勢必會有所提升，而太過於專注於完美反而適得其反。想要精通一門技藝，要件之一就是要屢屢接受實驗和失敗，千萬不能因此畏縮不前。這是你無法略過的步驟。

允許失敗是未來成功的關鍵點。

第三章

高投報夢想衝刺計畫

你正處於事業挑戰或職場窘境的「谷底」嗎？有任何方法可以將這些劣勢和教訓轉變成你最大的資產嗎？有任何潛在機會值得你投注心力、找出比眼前挑戰更重要的事嗎？你有機會從後領導、顛覆現狀，好讓自己加入成長和發展的策略中樞？

尋求良機：你對實驗和失敗的想法是什麼？你會盡量不要接下自己目前無法做到一百分的任務嗎？你每天花多少時間待在舒適圈？有沒有超過百分之八十？

思索對策：你可以給自己什麼樣的新挑戰，減少自己待在舒適圈的時間，並增加自己精通某項技能和日後成功的機會？

採取行動：掌握主導權、做出有效改變、追求意義最為深遠的成就。

第四章：職涯晉升不是夢

單槍匹馬能成就的志業有限，就算能夠賭自己一把，但孤軍奮戰是走不了多遠的。我們必須把同樣的賭注押在並肩作戰的夥伴和所選的專案上。想在世上留下專屬於你的獨特印記，就必須想辦法創造出足夠的漣漪效應，超越自身和直接影響範圍。要做到如此，你和身邊的人都必須擔任彼此的最佳後盾，進而達到相輔相成、竿頭日上的效果。

根據我自己和其他人的職涯進展經驗，當我們有共同目標時，進步的幅度會放到最大。在挑選新專案時，如果你想提高自身的能見度和獲得升遷機會，最保險的辦法是找出關鍵專案，要能同步解決主管的問題，並讓他們離策略目標更近一步，這是我工作初期學到的技巧。如果你可以接手主管待辦事項清單中的部分工作，同時還能讓自己學習新技巧並在公司建立起具策略效果的人脈，就表示你找到了讓自己日後必能獲得上司支持的雙贏公式。

早年在亞馬遜工作，我在要求加薪時犯了一個菜鳥錯誤。在我從頭到尾沒付出任何努力的情況下，微軟挖角我去他們公司為一位高階主管工作。其實我對那個工作根本不感興趣，因為我熱愛亞馬遜和替傑夫工作，但他們開出的薪水條件很好，所以我有考慮去面試。我帶著微軟的工作邀約去找傑夫，說我不想換公司，但或許他可以考慮提出和微軟一樣的薪水。他對我的行為不太高興，這是我能想到最為客氣的說法了。

後來我想通了，錯全在我，不該把數字當作唯一的交換條件，完全沒有提出自己值得加薪的點。當時全體員工都在為亞馬遜革命性的創舉努力著，我卻在考慮其他工作，毫無忠誠度可言；更糟的是我只顧著提出要求，卻沒有附上任何對等的交換條件，像是列出調薪之後我可以做出的額外貢獻，好證明自己的價值。

從那一刻起，如果想要求加薪，我會早早開始為此做準備。我會跟我的上司說，我希望能在六個月內有升遷機會，並提出我可以辦到的重要貢獻，而且目標要明確、可評估，證明自己值得受到提拔，同時又能推動團隊使命和上司專案的關鍵成果。如此一來，在決定晉升人選時，我和主管已經擁有同樣的評分標準，可以相互配合並朝著共同目標前進。

好在傑夫原諒我第一次談判薪水的拙劣表現，後來我再也沒犯過同樣的錯。

學中做・做中學

亞馬遜剛起步的時候，我們手上真的都是毫無先例可循的工作，所以團隊之間必須有足夠的信任，相信彼此會問對問題且有能力想出解決方案。當時的風險高到不能再高，董事會、投資人和股東都緊盯著我們的一舉一動。我們必須從無到有，用比其他競爭對手還快的速度，打造出更棒的電子商務，才能讓公司營運下去。

面對如此難題，最輕鬆的辦法是選擇退出，因為望向眼前無窮無盡的挑戰，你會覺得自己根本無能為力；但我環顧四週，公司的每個人都在大展身手、締造佳績，於是我捫心自問：「為什麼不能是我？」

把正確的人放在正確的壓力下可以創造奇蹟，這是承平時期不可能達成的成就。而在數位轉型初期就開始嶄露頭角的那些角色，現在皆已是網際網路時期的傳奇人物了。當時只有兩個極端的結果：成就一番事業，或是成為無名小卒。

在這樣的氛圍下，傑夫聽到格雷・格里利（Greg Greeley）提出的一個點子，最後衍生出亞馬遜的「Prime」付費訂閱服務。「超級免運」服務當時還在構想階段，傑夫發現這項服務十分適合時間多過於金錢的客戶，反觀亞馬遜 Prime 則可服務在意時間勝過費用的客戶。透過雙管齊下的方式，幾乎等於滿足了所有客戶的需求，奠定了根深蒂固的客戶忠誠度系統，讓亞馬遜成為客戶購買日常需求的預設零售商店。這是前所未聞的做法，也是現在數位時代訂閱模式的原型。

Prime 這個點子出現的時候，公司在各個業務前線都面臨到激烈的競爭。二〇〇四年玩具反斗城對亞馬遜提告，宣稱亞馬遜違約，玩具反斗城應該是網站上的專屬玩具賣家。從感恩節到聖誕節這段假日季節也壓得人無法喘息，公司網站一直當掉，加上實體競爭通路的年成長率還是維持在百分之十七，更讓人無法掉以輕心。亞馬遜當時市值為一百八十億美元，而主要競爭對手 eBay 則價值三百三十億美元。亞馬遜對抗的是如巨人般的競爭對手，並朝著未知的領域前進。但出人意表的是，傑夫並沒有埋頭在這個問題上，而是放眼長線，把重心擺在維持公司的最佳競爭力和提供客戶最好的服務。

某個星期六早上，高階管理團隊齊聚在傑夫的船屋上，亞馬遜 Prime 的構想就此誕生，而且四個星期後就在年度收益電話會議上公布了。我們的團隊在那個月平均每週工作一百一十個小時到一百二十個小時。這是生死存亡之戰。

捲起袖子．做就對了

雖然環境充滿壓力，要完成的工作量、要從無到有創造出來的東西實在太多了，但我們都感受到一股難以抗拒、令人亢奮的能量，支撐著我們不停前進。身為執行長辦公室裡的年輕員工，我感覺就像坐在全速前進的雲霄飛車上，而第一排座位就是亞馬遜的未來；傑夫和我們整個團隊拼了命地伸長手臂，用盡各種方式要蓋好前方的軌道。要辦到這件事，我們必須對彼此有高度信任，不論職位高低。

那時我才剛開始工作不久，尚未具備主導大型策略企劃所需的技能，但我反應夠快，不管關鍵人物指派什麼工作給我，我都能隨時提供協助，讓他們能夠專心致志地創造奇蹟，我也因此學會了如何運作一間「作戰室」。這是科技公司的行話，專門用來稱呼某個會議室，團隊在裡頭不眠不休地為時間緊迫的上市活動做準備。日後我在Google工作時，這項技能發揮了關鍵作用，我知道如何預期大家的需求，並能在別人尚未開口前就預先做好準備。

我不介意自己在作戰室的工作毫不起眼，反正我願意捲起袖子，做任何必要的事，連實習生等級的工作我都做，像是半夜幫忙訂餐、基本的研究工作，或是聯絡電暖氣公司，確保燈火和暖氣不會在晚上或週末時自動切掉，任何事都做！對我來說能夠盡一份力才是最要緊的事，而且還能隨時進入神奇魔法發生的會議室。親眼看著傑夫和高級副總裁在作戰室工作，我的職涯已無數次證明這個經驗是無價之寶。

傑夫在二〇〇五年第一次向董事會提出 Prime 的構想時，他們都抱持著懷疑態度，合理質疑公司要如何只收七十九美元的年費、為超過一百萬項庫存商品提供無限制的二天送達服務（或是傑夫所謂的「吃到飽快遞服務」），然後不會因此破產。如果客戶使用免運費隔夜送達服務，但只訂了三美元的牙刷，公司就一毛錢也賺不到，訂單金額必須要夠高才行。

傑夫看的是數十年的長期成長，而不是當前季度的成果；他想要的是革命性的進展，而不是當下的股東滿意度；他打的是一場持久戰，就像他說的，要在客戶周圍挖掘出一條防堵外敵的戰略護城河。因此，他願意犧牲眼前小小的成果，好換取未來的龍頭地位，但投資人因為在近期的網際網路泡沫中幾乎失去了一切，所以他們的投資動力比較傾向於不同的時間表。

運費和供應鏈最佳化是 Prime 提案的關鍵初期因素。在某次決定性的董事會中，我們在位於十五樓的會議室開會，傑夫在所有董事面前實際進行計算，數字填滿了整個白板，他背後就是整面的落地窗，將西雅圖的天際線盡收眼底。他直接告訴董事會這項會員方案如要可行，必須和貨運公司談判的精確運費為何；然後營運高級副總裁傑夫・威爾克（Jeff Wilke）則會負責解決供應鏈的問題，在交貨時盡量避開成本是陸運十倍的空運。董事會這才勉強同意讓傑夫試試。

在有條件放行的前提下，傑夫才開始和貨運公司協商運費，但沒人看好他。他第一次出馬就遭到了聯邦快遞（FedEx）拒絕，認為他的條件太瘋狂了，並表明不可能有貨運公司會接受。結果傑夫做出了極其大膽的行動，把亞馬遜所有的訂單從聯邦快遞全轉去另一間貨運公司，雖然公司短期內的開支會大幅上升，但足以向聯邦快遞證明，不和他談條件會是多大的損失，這是一招險棋！如果聯邦快遞發現他只是虛張聲勢，亞馬遜不可能撐得下去。傑夫知道我們必須使出的王牌就是讓彼此成為命運共同體。

結果證實他賭對了，終於取得足以讓 Prime 計畫長久且有利潤地運作下去的合約條件。就在計畫推出不久後，我們發現 Prime 會員花了更多時間在瀏覽亞馬遜網站，消費金額也高於任何其他類型的消費者。亞馬遜長期的客戶忠誠度就此萌芽。

履行中心（fulfillment center）操作程序降低了下訂流程效率不足的問題，並在減少運送成本的同時提高了運送速度。另外還有團隊開發了革命性的軟體，專門負責調度訂單的履約順序，創造出不可思議的驚人成果。這款專利軟體完成訂單的速度之快，當時沒有任何競爭對手可以辦到。這項突破性技術讓亞馬遜得以推出可註冊專利的一鍵運送服務，為使用者提供即時且精準的預估送達時間。

現在這些順暢無礙的系統看似理所當然，但當時沒人能提供任何類似的客戶體驗。這個前所未見的重大突破成了比賽開始倒數時的最後一記好球。由於傑夫全心相信自己的團隊和願景，而團隊也全心信任他的領導，所以這項創造歷史的專案才能大獲成功；除此之外，正因為全公司上下都同心協力、全心投入，最終才得以實現夢想，這絕不是只靠領導階層就能辦到的事。

創新週期・永無止盡

我早年在 Google 產品團隊為梅麗莎工作的時候，就經常參與類似的專案上市週期和作戰室活動，那場馬拉松成就了今日的 Google。梅麗莎頻頻要求團隊聚焦主題、調整目標，然後全力以赴，我們一方面覺得壓力爆表，一方面又感到腎上腺素激增。我們是年輕有活力的團隊，拼了命地憑空變出東西，想盡辦法要比對手更快提供更多、更好的產品，因為那時不像現在，Google 根本不是大家預設的搜尋引擎。

在這些永無止盡、接二連三且令人難忘的產品上市週期中，其中一次發生在二〇〇八年，當時我們手中有好幾個大型的產品上市活動，分別相隔沒幾個月，而且每項活動都需要整個產品團隊拼盡全力來完成。我大部分的時間都花在負責同時推出兩項產品的團隊上，這兩項產品分別是設計版的 iGoogle 首頁功能以及 Google 地圖上的大眾運輸應用程式。同時間有如此多的衝刺專案和作戰室在分頭進行，一開始真的很難把所有事安排妥當，但很快大家就習以為常了。

我善用自己之前在亞馬遜學到的作戰室經驗，為上市里程碑設計了控制面板，透過這個工具為所有行動項目安排優先順序並持續追蹤進度，好讓梅麗莎和整個團隊能以最效率的方式安排時間、精力和資源。我成了法務、工程、使用者體驗與使用者介面設計、通訊以及合作夥伴部門的聯絡中樞，協助大家同心打造對我們全體來說也是前所未聞的產品。這項工具創造出我們最為需要的催化效應，讓我們得以用百米衝刺的速度，完成如馬拉松般的待完成項目清單。當時我們全都疲憊不堪但又熱血沸騰。

iGoogle 就像個人化版的 Google 首頁，使用者只要加入自訂的小裝置，即可在同個地方看見最常用的所有應用程式，然後還能點選想要任何的產品。舉例來說，你的個人化 Google 首頁可以預覽你的 Gmail、Google Chat、Google 新聞等等，讓首頁搖身一變成為每日必備應用程式的一站式商店。千萬別忘了，當時的智慧型手機還無法透過應用程式隨時隨地為我們提供整合式資訊。

iGoogle 在二〇〇五年發布，但在接下來的三年都沒有吸引到太多使用者。二〇〇八年四月是極為罕見的時機點，我們和七十位藝術家聯手推出了設計版的首頁背景，包括黛安・馮・芙絲汀寶、托里・伯奇（Tory Burch）、傑夫・昆斯（Jeff Koons）、奧斯卡・德拉倫塔（Oscar de la Renta）、甚至是酷玩樂團（Coldplay），希望讓首頁空間更加個人化且優雅迷人。這個構想的目的是要提升使用者忠誠度，並鼓勵使用者將 Google 設為預設首頁，當時這可不是什麼理所當然的事。當時 Yahoo 奇摩不久前剛丟了和 MSN 的獨家內容合約，讓 Google 有機可乘，要想辦法趕在微軟在隔年推出 Bing 之前，把握機會吸引新使用者。這些產品上市活動是公司未來的重心，我們都知道錯過這次機會，可能就再也沒有下一次了，所以必須以迅雷不及掩耳的速度一舉成功。

梅麗莎的設計眼光獨到，從她負責的 Google 首頁有多簡潔清爽和她的個人生活風格即可窺見一二。她和許多時尚設計大師都有私交，因此才能促成這些空前絕後的合作關係。我投入了龐大的時間和精力進行居中協調的工作，協助設計師、產品開發人員以及來自公司四面八方的其他同事，一起完成這場難得一見的聯合活動。這些團隊大多習慣各行其是，我必須成為他們的聯絡中樞，這是產品成功的關鍵。

我們團隊平均每天工作十五小時才勉勉強強把事情做完。我當時住在柏克萊，早上七點搭第一班的 Google 接駁車上班，晚上九點半搭最後一班接駁車回家，每天除了辦公時間外，要花上一個半小時通勤；不僅如此，我還經常來不及搭上最後一班接駁車，只好借用 Google 的公司車（供員工在上班時間使用，像是去看醫生；或是搭接駁車上班後，必須在上班時間處理的其他雜務）。星期六我們幾乎也都在辦公室，不然就是在家用筆電處理公事，不然工作根本做不完。

在大家焦頭爛額之際，山景城市政府對 Google 總部開罰了，因為有太多員工覺得沒必要花大錢去租一間沒時間使用的公寓，所以都直接睡在辦公室，甚至連住在辦公室的人都有。我們總部每棟建築的健身房都有淋浴和洗衣設備，加上園區裡還有免費食物，根本沒有回家的必要。後來我們還必須規定員工不能睡在辦公室；我辦公室的角落本來放了張紅色的大沙發，方便一對一談話時使用，後來只好移到了走廊，以防團隊有人不守規定，不過即便到現在還是偶爾有人會睡在那！

幾個月後來到了二〇〇八年四月，iGoogle 與藝術家攜手合作的發布活動是在戶外空間舉行，就位於曼哈頓的米特帕金區（Meatpacking District），離 Google 紐約分公司不過幾條街的距離。我還記得當時夜幕已落，發布活動即將開始，我坐在最前排的位置，手上拿著梅麗莎最終版的講稿，忍不住捏了自己一下，因為我不敢相信自己就坐在托里．伯奇和黛安．馮．芙絲汀寶的中間，她們是我最為崇拜的兩位商業女強人，全憑自身的努力闖出一片天。環顧四周，米特帕金區舊式的磚造建築閃閃發亮，LED 燈光將設計師創作的 iGoogle 經典造型投射在建築表面上，看著美國新舊產業巧妙地交錯融合在一起，令人永生難忘、感動不已。

媒體對這場活動讚譽有加，那天我們感覺大獲全勝且如釋重負。我們在紐約的星空下慶祝，覺得自己好像贏得了科技宅版本的世界大賽（World Series）冠軍。

但我們在那晚絕對不曾想過，Apple 也有類似的構想要提高使用者互動，並在同年七月就推出了「App Store」，離 iGoogle 上市不過短短幾個月；App Store 提供了五百個應用程式，完全改變了消費者行為的方向。同年十月，也就是在 Apple 上市活動後一個月，我們推出了「Google Play」的前身「Android Market」，等於將團隊原本的使用者互動重心全部自 iGoogle 轉移過來。

此外，我們也完全沒有料到，社群網路運動即將在網際網路上大鳴大放，奪去 iGoogle 最後一絲存在的意義。但沒關係，那不過是下一次的目標調整和衝刺計畫。在科技業工作的瘋狂與美好之處就在於此，永遠要求新求變，你必須不斷地設計發想，還要勇於捨去先前嘔心瀝血做出來的產品，才能繼續為日後做好準備。iGoogle 上市才沒幾個月，二〇〇八年九月我們又回到紐約，準備在大中央總站（Grand Central Terminal）舉辦 Google 地圖的大眾運輸功能發布會，並由我們的共同創辦人賴利・佩吉和塞吉・布林（Sergey Brin）主講。現在我們去到世上幾乎任何一個國家，只要拿出行動裝置，就能在 Google 地圖上即時導航，不管是走路、騎腳踏車、搭乘大眾運輸工具或開車都行，但當時沒人覺得這是行得通的事，除了 Google 的創辦人！

這個發布活動的前置作業十分漫長，而且仰賴的是難以想像的遠見。當時離推出 Google 街景服務還不到二年，為了推出這項服務，我們必須收集地球上每條街道的照片，就連 Google 內部的員工，都覺得這是不可能的任務，甚至有人是抱持著懷疑態度。我們不僅必須設計出特殊的車輛，在車頂裝上專利攝影機和 GPS 定位器，然後穿梭在全世界的每條大街小巷，還得定期重訪這些路徑，才能保持文件的最新狀態。

此外，我們必須想辦法取得政府機關的協助，解決隱私權相關問題，更別提龐大的人力需求和資料處理作業，而賴利和塞吉卻完全沒有因此卻步。想到使用者可以更輕鬆地探索鄰近地區或是這輩子可能沒機會去的地點，如此難能可貴的機會，絕對不會因為需要持續投入大量資源而有所動搖。最終這項服務還會延伸至無人可及的高處，像是吉力馬札羅山和國際太空站。雖然 Google 地圖大眾運輸功能的發布活動極為隆重且盛況空前，光是規劃就花了將近六個月的時間，但跟為了開發和創造出這項革命性產品，公司所付出的一切相比，根本是小菜一碟。

我還記得當時自己站在大中央總站的外頭等待塞吉，準備陪他一起進車站參加記者會；沒多久一輛車停了下來，我看到塞吉下了車，穿著直排輪鞋滑了過來，臉上掛著大大的笑容。我們一直到走進車站、看到上舞台的樓梯，才發現他上台演講前如果把直排輪鞋脫下來，就沒有其他鞋子可以穿了。我們討論了一下要穿直排輪鞋上台，還是只穿襪子上台演講，最後他選了襪子，重點是根本沒人注意到這個小插曲。

調整步調 · 走得更遠

我在 Google 的第一個辦公桌離賴利和塞吉的共同辦公室約五公尺遠，然後從天橋走三分鐘就能抵達隔壁棟的執行長辦公室。和這些高階主管進行的對話、深夜的策略討論、程式碼審查會議等，在我腦海中反覆播放，不僅帶給我諸多啟發，更提升了我的專案管理直覺，讓我在 Google 工作和日後擔任高階管理顧問時如虎添翼。如果我成天只知道埋首在永遠都做不完的待辦事項上，沒有起身多多和他人交流、提問，很容易就錯過了這個學習機會。然而，見微知著、由小見大，相較於作戰室和緊急情況，有時反而是我們如何看待這些尋常的日子或「簡單」的工作，決定了事業的成敗。

我在差不多同一時期開始為舊金山 Nike 女子半馬做訓練，當時我也學到在為延伸性目標調整步調時，不能光憑直覺行事。不管從先天還後天來看，我完全稱不上是厲害的跑者，而且我在二〇一二年報名第一場半馬時，連五公里都沒跑過。這個看似瘋狂的舉動起因是某天晚上，我收到同事寄來一封工作上的電子郵件，而他的自動簽名檔中有個捐款連結，當時他正在以跑半馬的方式為白血病研究募款；我點了進去、捐了款，而且當下就報了半馬，決定要一起幫忙募款。我向來不會衝動行事，所以這個決定很不像我。

儘管我完全沒有跑馬經驗，而且向來痛恨跑步，我還是用了最書呆子的方式安排訓練計畫，也就是直接上 Google 搜尋「如何練習跑半馬」，然後把訓練計畫印出來，直接開始照表操課。我的第一場半馬是在聖地牙哥，路線十分平坦舒適。練習過程真的很累，必須做出許多犧牲，但我挺喜歡那種和工作無關的成就感與自我掌控感，所以完賽隔天我就報了六個月後在舊金山舉辦的賽事。

Nike 女子半馬的路線安排在舊金山市區特別陡的路段，所以我知道一定要做好上坡訓練。我在網路上找到的所有上坡訓練課表都建議，上坡時要加速衝刺，下坡時用走的，等呼吸平穩下來，回到起點時再來一次。事實證明，這個課表非常有效，但也讓我付出了慘痛代價。這種訓練法確實能有效鍛練到腿後肌群，讓我在比賽當天能夠一路跑上超長的上坡，卻完全沒有練到大腿前方的股四頭肌，這些肌群負責承受下坡時的衝擊力道。結果賽程中「輕鬆」的路段操爆了我的股四頭肌，賽後整整一週的時間，我完全沒辦法走下任何一點斜坡，每次都必須轉過身倒著走！

在工作上我也曾被殺個措手不及，連眼前看似易如反掌的任務都做不好，只因為我認為這些瑣事太過簡單且無聊，不想費心去培養相關技能或實力。如果我們只想著上坡的戰爭，就無法取得平衡、維持一貫表現，自然無法成為優秀的團隊夥伴；反過來說，如果我們一直待在舒適圈，一心一意地練習下坡，當必須往上爬的關鍵時刻來臨時，我們就會力有未逮。

明確回饋可以創造正向循環

剛加入 Google 時，我必須列出自己的目標清單，滿三個月後，公司會根據該清單來評估我的表現。Google 使用的是「OKR」系統，也就是目標與關鍵結果。我在亞馬遜工作時稍稍接觸過這套系統，當時約翰·杜爾（John Doerr）同時擔任了亞馬遜和 Google 的董事，也是他將這套系統介紹給創辦人的，後來還針對與目標調整與實現有關的策略撰寫了一本超棒的書，名為《OKR：做最重要的事》（*Measure What Matters*）。

OKR 是以季度為評估標準，涵蓋一系列登月級別的工作成果。只要用法得當，OKR 就能協助領導階層設定公司方向。執行方式是制定三到五個公司的關鍵成長領域，然後再由個別貢獻者和主管在這個大架構下設定自己的重大目標和工作成果。透過這個方式，員工不論資歷深淺都會覺得自己的貢獻與公司的成功密不可分，更會覺得自己對公司的創舉功不可沒。

我在 Google 工作的第一季結束時，對自己的表現十分滿意，從一開始一無所知的無名小卒，搖身一變成為團隊的聯絡中樞，覺得自己完成了不可能的任務，而且所設的

ＯＫＲ也都一分不差地達成了，結果這才是問題所在。

我本來以為自己會拿到一張閃亮亮的成績單，結果梅麗莎卻表示她有些失望，這讓我震驚不已。她向我解釋，我太過著重在完成任務，卻沒有交出任何真正重要的關鍵成果；而我的「完美成績」更證明了我當初設定的目標根本不夠高，並沒有對我帶來任何有意義的挑戰。她並不需要我表現完美，而是希望我緊盯著公司大無畏的目標，並在職責範圍內盡可能地為這些目標貢獻關鍵成果。

雖然在亞馬遜時就已知悉這個目標設定系統，但我在 Google 設定第一季的ＯＫＲ目標時，卻沒有把眼光放在創造高度影響力上。我剛加入團隊時，沒有任何前輩跟我交接或提供訓練，光是處理例行公事就忙得焦頭爛額，根本沒心力做出任何讓能力躍進的嘗試，但那才是公司在成長階段最需要的態度。

我的第一季ＯＫＲ是以任務和系統為導向，像是「建立系統以簡化媒體與演講邀約流程並解決堆積已久的待辦事項」，雖然這個目標確實指出了該費心處理的重要工作，但跟大膽野心絲毫扯不上關係。我完全搞錯了重點，沒有做到放下手中的瑣碎任務，放眼整個公司想要打造的夢想與自己在其中能扮演的角色。

梅麗莎不太滿意我在設定目標時的表現，成了我改變工作心態的關鍵轉向時刻。她明確允許我設定超越現有能力的目標，就算偶爾失敗也無妨。知道自己如果跳脫舒適圈、追求更遠大的目標，就算只能達成預計成果的五到八成，還是能夠獲得獎勵，讓我脫去了一身枷鎖。我不再執著於要在專業領域上拿下滿分，卻對公司的雄心壯志和偉大使命幫助甚微。

我發現如果我把重心放在日常工作，解決的是眼前的問題，但我應該要做的是從未來往回看，思考 Google 和使用者未來的需求是什麼，然後搶先一步提供解決方案。例如，我不再花這麼多的時間去擔心外部策略會議的硬體問題，想方設法要為營運系統規劃完美無缺的藍圖，而是必須將精力放在思考 Google 的使命和我在其中的角色。

我們稱這個過程為「北極星校正」(North Star alignment)。Google 的使命是彙整全世界的資訊並讓所有人都能輕鬆取用，產品團隊的工作則是負責開發可供全球使用者運用的工具，進而實現公司的使命。梅麗莎則是負責找出新構想、設計系統、寫出最先進的程式碼並推出容易上手的工具。我最終豁然了悟，只要能把我的工作內容和梅麗莎的交付成果連結在一起，就是我創造最大影響力的方式。

我第二季的 OKR 不僅抱負遠大，更對準了公司共同的北極星目標，我在該季的目標是「成為產品團隊的主力資源，簡化核心產品的腦力激盪、設計、程式碼撰寫及發布流程」。以產品團隊中最菜的成員來說，這個目標確實野心不小，但梅麗莎首肯後，我認為這表示她同意且准許我採取一切必要行動以達成目標。舉例來說，我變得願意放下手上永遠做不完的瑣碎工作，離開辦公桌並加入討論重要議題的會議；如此一來，我更能好好觀察目前的系統，提出建議並採取行動，讓整個系統效率提升、變得簡單好用且能互通有無，事實證明這麼做真的有用！

如此微妙的心態轉變，卻帶來巨大的成果。我不僅完成了個人目標，學會了如何帶領程式碼審查會議，見識到使用者體驗和使用者介面的設計師如何與工程師進行細部討論，還有通訊和政策部門在安排發布活動時要顧及的複雜面向，而且我還變成團隊的關鍵資源。為了加快學習速度和培養持續貢獻的能力，我必須忍受自己一開始在會議中一竅不通，不斷地問各種「蠢問題」，昭告天下我有多無知。這個做法將團隊的成功和個人的事業成長合而為一，創造出良好的正向循環，讓我的學習力和能見度同步大幅提升，而能見度素來是升遷的關鍵。

梅麗莎很願意獎賞勇於冒險的夥伴，也會努力爭取團隊成員應得的薪酬和升遷機會。我不再覺得處處受制，好像必須要表現完美才能對團隊和公司有所貢獻。梅麗莎教會了我，不要等做足準備了才行動，而是要將學習看得比表現「完美」重要。

積極主動・尋求回饋

OKR 制度鼓勵我不要等到正式季末評估，而是要定期向各種來源尋求一致、誠實、具挑戰性的意見回饋。當我主動向團隊夥伴尋求回饋時，他們都很願意分享連我自己都沒有觀察到的長處，以及我需要注意的短處。

我透過這個方式，在剛加入 Google 時馬上就學會如何成為自己職涯的駕駛員，替自己決定想要學習和達成的事項。比方說，我曾在二〇〇八年第二季的時候主動要為通訊團隊提供協助，因為當時排定的上市活動行程表已讓他們不堪負荷。

我們在九月時推出了 Google Chrome 瀏覽器，對整間公司帶來極其龐大的工作量；而就在這件大事發生的兩週前，我們才剛推出了第一支 Android 行動電話。為了推出 Chrome 瀏覽器，我們製作了一份長達四十頁的漫畫內容，說明 Chrome 的運作方式，讓使用者感到值得期待且容易上手，而非一頭霧水。針對和 T-Mobile 合作的 Android HTC Dream 手機上市活動，我們把重點放在告訴客戶開源軟體、頂尖通知服務以及深度 Google 產品整合的各種優勢。

我完全不知道自己在做什麼，而且在整個過程中，我從團隊夥伴身上學到的東西絕對比我貢獻的多，但我見識到的一切都將成為日後助力。如果沒有自願幫忙完全不在我目前專業領域外的工作，我就不可能學會如何安排大型上市活動、教育大眾新興科技，或是協調大規模的內部合作。我必須問各式各樣的問題、花更多時間在工作上，以彌補自己在經驗和知識方面的不足之處，還要敢於在產品團隊最資深的夥伴面前展現自己的愚昧。

未來的我・由我創造

當時、甚至之後的好幾年，我都還不知道這是多難能可貴的事，要在職涯中不斷透過延伸性目標來為重塑自己。我認為我在矽谷獲得的最棒觀念是沒有任何事是固著不變的，包括自己本身。後來我在執行長辦公室和艾瑞克・施密特一起工作時，這個經驗也發揮了作用，我們一起推動了多項大型協作專案與更多更難以置信的新興技術，像是人工智慧。如果我未曾鼓起勇氣、與那些職位比我高上許多的長官同坐一桌並拼命工作，讓大家都看見我在學習過程中的起起伏伏，我是不可能完成這些專案的。

我漸漸地可以去想像、創造的「未來的我」，這個詞是由加州大學洛杉磯分校的心理學家海爾．赫斯菲爾德（Hal Hershfield）所創。如果沒有預見這個不斷進步、煥然一新的我，我就不可能以有意義的方式為明確的目標去冒險、成長和學習，而我也會因此錯失那些帶動我事業發展的升遷、專案以及進步機會。

但這個自創的未來身分，如果沒有任何潛在好處，誰會想要付出這麼多努力、甚至不時還要面對難堪的窘境？多數人的自我認同都受限於過去的經驗，但好消息是只要做出某些特定的選擇，按部就班地迎戰更大的挑戰，就能改變並形塑你的自我認同、別人和你對自己的看法，並成為自己想成為的任何人。

這個學習模式最後帶給我難以企及的優勢，培養出足以與艾瑞克共事的技巧，而我在事業上依然持續地反覆應用這個模式。我接手了許多和我同職位的人絕對不會遇到的專案，而我唯一要做的就是鼓起勇氣、讓艾瑞克和其他主管知道我的成長目標，並向他們展示完成這些目標對他們來說有何助益，自然而然能就建立起良好的高階贊助者關係。此外，這也是為正式升遷鋪路的最佳方式。

瞄準目標．規劃晉升

我工作了這麼多年，從沒遇過主管跑來跟我說：「安，我注意到你有些尚未開發的才華，我想找些管道讓你發揮所長、拓展影響力。」不會有這種好事發生，你必須自己去爭取。我必須說，當我成為主管後，我最喜歡做的事就是了解直屬下屬的成長目標，以及我可以提供協助的方式。這不僅讓我身為上司的工作輕鬆許多，還讓我們擁有共同的目標。

如果我想在工作上獲得升遷，我會提前六個月到一年和主管提出我的計畫。舉例來說，我想正式擔任艾瑞克的幕僚長時，當時公司還沒有這個職稱，所以我根據自己已經做過、屬於該職位會做的工作，做了一份自我評估表，以及一份我需要具備的建議技能和學會這些技能所需參與的特定專案清單，再帶著這些資料去找艾瑞克。當我們在我的成長目標上取得共識和方向後，接著我就根據對我們雙方升遷都有利的部分來規劃實際可行的藍圖，然後開始按計畫進行。

我知道如果想成為真正的幕僚長，就必須在艾瑞克不在的時候，和其他高階主管開會，而且在某些情況下可能需要取得替他做決定的權限。所以我的第一步是提議每週和通訊與政策部門的主管開會一次，檢視全球的需要與顧慮點，並擬定處理這些問題的建議；接著我會根據對公司需求的深入分析，製作依優先程度安排的策略提案，說明問題的解決方案。這樣的學習曲線令人望而生畏但又倍感興奮，不過卻能立即提升我們採取行動的能力，並為公司和使用者創造最佳成果。我最為寶貴的幾項專業技能和最堅固的友誼都是來自於這些大膽的決定。

離開 Google 後，我創辦了自己的顧問公司，來找我的執行長幾乎都是為了特定員工的升遷期待感到煩惱不已。由於我的客戶大多是處於擴大營運的階段，預算分配固定、能提供的升遷職缺有限，加上公司人事精簡且員工都極為資深，所以根本沒辦法自動依年資來升官或加薪。而他們的員工分別採取了不同的方式來達成目標，有的成效顯著、有的弊大於利。

以亞博科技（AgTech）為例，有位才華洋溢的年輕員工叫艾美（Emy），她在公司面臨重大轉型之際看見公司的需求，並主動承擔起不屬於她核心職務範圍的龐大專案責任，只因為那是必須得做的事，且除了她以外，沒人具備完成這項任務所需的人脈或跨領域合作關係。她跟主管說了她的成長目標，然後就捲起袖子、開始工作，在公司面臨存亡關頭之時挺身而出。她帶領的團隊不僅效率十足，為公司賺到的利潤也比別人多。

經過了數個月殫精竭慮的努力，她證明了自己是公司無可取代的資源，也因此獲准展開她想做的任何專案。

然而，我更常看到客戶的員工要求加薪或升職，卻沒想過個人的貢獻與公司的盈虧有何關聯，或是更高階職位的實際需求是什麼。他們把升遷想得理所當然，卻沒有對自己能付出的部分或公司眼前的需求負起責任。曾經有位員工本來有機會成為公司重要新職務的人選，但後來自毀前程，因為她沒多久就提出大幅調薪的要求，卻沒證明自己的價值或能力，也沒有將加薪要求與特定績效目標做連結。

大型公司的優勢在於升遷制度非常清楚明確，但進程和速度通常也較慢；而在新創公司就比較容易有長足的事業進展，因為公司的成長速度相對也更為快速，但大概要等上幾年的時間才能獲得較優渥的財務報酬。就我所知，許多新創公司的員工必須站在老闆的角度去思考，才能找出辦法使自己成為公司必不可少的一份子並受到老闆認可；老闆和員工必須盡早真心誠意地定期對話，才能找出共識。

不管你信或不信，我跟過的那些執行長從沒給過我正式的書面績效評估，為了彌補這方面的不足，我會把握任何微小機會，向他們提出不好回答的問題，才能得到真正的回饋，找出自己向上提升的方式。

績效評估應該要直接、特定且可針對問題擬定行動方案。然而，要提出如此明確的回饋對大部分的主管來說都是難題，所以多數員工不太可能收到這類回饋意見，對高績效員工來說更是如此。如果你是女性的話更是難上加難，因為很容易收到有關言行舉止而不是工作能力的指教。所以說，員工必須負起責任主動向主管和同儕徵求回饋意見。

如果收到的績效回饋不夠明確，我會自行進行細部分析，並歸納出指導原則。舉例來說，收到「做得好」的評語時，我會主動詢問特定細節，才知道要保持下去的部分是什麼；如果表現不佳，我會想辦法把對話引導至更詳細的部分，以便擬定行動計畫，下次才能做得更好；接著我還會找出避免同樣問題再次發生的計畫，並提出可以締造更佳成果的改變。如此一來，我就有非常具體且有共識的行動計畫，執行起來也更有信心；接著還會尋求相關資源、訓練、指導，找出接下來要採取的行動。自從這麼做以後，回饋意見從未淪為空談。

我在大學有個聰明絕頂的朋友。新課程開始時，他會在辦公時間去找每位教授談話，跟教授說他想在班上拿到最好的成績，且願意付出任何必要的努力來完成目標。教授聽到如此狂妄的目標都會大吃一驚，但他每週都固定在辦公時間出現，討論要改進的地方並付出相對的時間努力。教授因此對他大為改觀，跟他的互動也大為不同。

這個做法讓他和教授擁有相同的期望，讓他們在定義成功與計分方式上不會產生分歧。最後，他以最高的計點平均成績（GPA）畢業，科科都拿A。最重要的是，所有的教授都知道他的名字與能力，每當有任何研究專案或學生不可能知道的機會，都會第一個想到他。後來他準備要申請研究所時，每位教授都能輕輕鬆鬆為他寫出文采並茂的推薦信。

這個方法也適用在工作上。

為工作創造意義

對我來說工作上最重要的就是保持同樣高度的熱忱，重要程度甚至高過於正式升遷、獎金或加薪。要做到這點，從一開始進入職場時就必須發揮創意、採取行動，千萬不能拖得太久。剛進入職場時，你有能力做的工作和你想做的工作之間通常落差極大，但不管是在光譜哪端，都有我們可以採取行動的地方，想辦法讓自己坐上職涯的駕駛座，朝著工作中的快樂與成就感前進。

雖然我的工作環境一般來說都具備充足的支援和創新能力，但我發現不是每間公司或每位主管都足夠謙遜、經驗豐富或受過相關訓練，有能力鼓勵、甚至容忍員工在基本工作內容以外的領域，追求更遠大的影響力。有些公司或主管擔心自己被超越，因此習慣把下屬管得緊緊的，但即便在這種情況下，你還是可以採取行動，為自己創造意義、追求成長並擴大影響力。就算是在最傳統的工作環境，或是一般人覺得只是初階或「沒有技術含量」的職務也能做到。

耶魯教授艾米．沃茲涅夫斯基（Amy Wrzesniewski）專門研究員工如何在不佳的工作環境中，透過改變心態來為工作創造意義。她在研究中分析並記載，有些員工會透過不同方法來重新設計自己的特定工作內容，好讓工作更符合個人優勢和價值，並從工作中獲得更多意義。從這些案例中，我們發現就算再小的行動也能為我們的幸福和工作效率帶來巨大改變。

想要不被實際工作內容所侷限，歸根究柢還是端看我們如何看待和體會工作。沃茲涅夫斯基教授最後歸類出三種看待工作的方式：把工作視為工作（為了養家糊口）、把工作視為事業（為了獲得升遷和名聲），或是把工作視為使命（為了個人成就感和做有價值的事）。乍看之下這好像是高階職位才有的煩惱，但研究證實這個假設並不正確。

在她的研究中，沃茲涅夫斯基教授以醫院清潔工為研究對象，並請他們回答自己的工作「需要技術」還是「不需要技術」。那些認為患者的康復過程與自己負責清潔的醫院病房息息相關的清潔員，將自己歸類為技術勞工；而神奇的是，其他清潔員明明有一樣的職務內容且分配到的工作大同小異，但就有人認為自己是非技術勞工，因此覺得工作不太重要，也沒太大意義。這樣的心態差異不只與他們的工作效率有直接關係，更會影響到他們從工作中獲得的成就感與愉悅感。態度決定高度，當我們不再把工作只當成份工作或事業，而是必須完成的使命，自然能夠昇華至更高的境界。

即便做的不是夢想中的工作，能否扛住壓力並發光發熱，基本上端看你如何轉換心態和看事情的角度。大家最耳熟能詳的就是三名砌磚工的故事。一六六六年倫敦聖保羅座堂（St. Paul's Cathedral）在一場大火中付之一炬，這三名砌磚工參與了重建工作。重建工程是由知名建築師克里斯多佛．雷恩爵士（Christopher Wren）帶領，他注意到這三位砌磚工的工作成果落差極大。第一位的進度非常緩慢且小心翼翼，問他在做什麼，他說他很努力在砌磚，為的是養家糊口，工作對他來說就是份工作。第二位工人的速度稍快一些，問他在做什麼時，他說他是建築工人，正在砌一面牆，這份工作對他來說是職涯發展的一環。第三位工人的動作迅速、技術純熟，當問到他時，他說自己在為上帝建造教堂，對他來說砌磚的工作是他的使命。這三位拿著一樣的工具，手上的磚頭一樣重，領的薪水也一樣，但他們對工作抱持著截然不同的看法，進而影響到他們的產出、表現以及最重要的一點，他們對工作的自豪感。

不論你在什麼領域工作，都當作在建造神聖的教堂吧！

擬定路線．勇往直前

不論起點在哪，我們一定可以採取某些行動，讓自己離理想中的工作使命和目的更近一步。現在回顧我的事業進程，我發現當自己積極地想辦法朝向使命前進時，就算離抵達終點的那天還很久，我在工作時仍是滿心歡喜。

我經常在職涯中運用下面所述的這個方法。每當覺得工作停滯不前或缺乏挑戰時，我會製作一張試算表，仔細分析自己真正渴望做出的實際貢獻。第一欄我會一一列出目前負責的所有職責，包括例行公事和突發情況；第二欄只列出讓我每天早上迫不及待跳下床的工作和專案；第三欄則是針對第二欄那些令人振奮的工作，想像自己在一、二年後的職位上，將這些工作擴大規模的樣貌。最後再根據試算表的內容，依自己想要的工作品質、責任和專案來擬定個人升遷計畫，有條不紊地朝目標前進。有些發現出人意表，有的讓我惶恐不已，更有一些是我覺得早該開始執行了，因此下一步便是想辦法從目前的職位做為起點，向目標中的工作內容和更高的使命前進。

有了這些分析資料，我等於擁有了完善的路線圖，列出從我目前所在位置邁向夢想工作的詳細步驟。這些看似無關緊要的心態轉變，成功讓我在工作上獲得連做夢都不曾想過的升遷機會和樂趣。

每當我處理那些只是「工作」的時間，遠高於那些充滿「使命感」的任務，我的情緒就會盪到谷底；只要我勇敢跨出一步，主動為工作賦予意義，我的心就會充滿喜悅。沃茲涅夫斯基教授建議，首先要先找出自己的動機、強項以及熱忱所在，接下來再根據目前的職務列出可以著手展開的工作，將工作重心慢慢調整到對的方向，同時兼顧原本職位應完成的核心工作成果。

尋找機會．採取行動

剛到 Google 的那幾年，我的主要工作是和儲備產品經理（associate product manager，APM）協調合作，也就是 Google 著名的「APM 計畫」，我的主管梅麗莎是這個計畫的創辦人與負責人。Google 早期從不乏才華洋溢的求職者，但公司的工作環境實在太過獨特，他們很快就知道公司需要加速育成計畫（accelerator program），以便加快內部領導人才的培養速度；這些人才不僅是全球頂尖的工程師，同時也了解最 Google 內部的運作方式。

APM 計畫一開始是由梅麗莎創立，起因是她和上司喬納森．羅森伯格（Jonathan Rosenberg）打了個賭。Google 初期成長得太快，新進員工幾乎不可能掌握公司系統並創造產值。梅麗莎是少數熟知公司整個系統的人，而且這個系統是由許多小團隊和接二連三的上市週期所組成，每天都變得更加複雜。其他人只能看到局部的面向，所以公司急需更多幫手。梅麗莎和喬納森打賭，她可以招募許多聰明過人、剛畢業的新鮮人，並在短時間內把他們訓練成舉足輕重的產品經理，而且速度一定比喬納森雇用資歷更深、經驗更豐富的人才更快。結果證實她賭對了！

這個計畫每年都會招募大約二十人的小型菁英團隊，並會在 Google 內部進行為期二年的職務輪調。這些 APM 會和比較資深的主管合作，從工作第一天就開始參與公司目前正在處理的關鍵專案。除此之外，他們還會在數個團隊之間輪調，進一步加深對公司和相關技術的了解，在二年後從計畫「畢業」時，就能繼續參與管理公司的主要事業部門。APM 計畫為這些出類拔萃的年輕工程師提供大展身手所需的人際網絡。

Google 幾乎是每位 APM 的第一份工作，他們青春洋溢、天資聰穎、畢業於世界一流的大學。我決定要和這個團隊建立穩固關係，在協助執行計畫的同時，讓自己也能有所收穫。我的好友兼同事黛安娜(Diana)是最棒的合作夥伴，她剛好也負責這個計畫。

每年 APM 的畢業班都會去世界各地旅行，實地造訪 Google 最重要的策略成長市場，了解當地使用者的獨特需求，為日後的產品開發工作收集資料。許多從這項計畫畢業的員工後來都加入了 Google 主要產品事業部門的團隊。我在 Google 工作的頭幾年，經常和那些總明絕頂的 APM 畢業生一起合作，像是布萊恩．拉科夫斯基（Brian Rakowski），他第一年就被梅麗莎叫去負責 Gmail 的所有相關事宜，而現在他已經是產品管理副總裁了；另一位布萊特．泰勒（Bret Taylor）則是Google地圖的共同開發者；還有許多其他畢業生後來都自己創業，一手打造出許多大型公司。這對我來說是可以一再運用的機會，藉此打造出專屬於我的成長角色，並在協助帶領這項計畫的同時，一同接受相關培訓。

二〇〇七年我和最新一批的APM畢業生一起去日本、中國、印度和以色列出差時，無預警地收到了一份邀請函。西蒙．佩雷斯（Shimon Peres）的辦公室寄來一封電子郵件，詢問梅麗莎．梅爾來到特拉維夫市時是否能抽空和佩雷斯見面。佩雷斯當時是以色列新當選的第九任總統，他希望在任職期間能成為以色列建國世代和未來世代間的重要橋樑，而且他不是說說而已。他認為科技和創新是以色列與其國民能否長居久安、欣欣向榮的關鍵。

這份邀請讓我激動不已：我的個人目標是透過全球政治局勢和科技提高自身的影響力，團隊的使命是為全球使用者提供更好的服務，而公司的使命則是讓所有人都能獲得資訊，這是一箭三鵰的絕佳良機。我要藉此機會成就自己的使命，而不是完成一項工作而已。

我滿心歡喜地和公司當地的政策團隊通宵工作，製作簡報文件，預期佩雷斯總統可能會談及的所有主題和請求。這是我第一次負責製作和國家元首的會議簡報，所以我不厭其煩地再三檢查，甚至記住了整份文件。梅麗莎知道我曾修過國際學課程，而且非常關心國際商業關係相關政策。這是因為和她一起工作的時候，我都會坦然地和她分享我在這方面的興趣、背景以及遠大的事業抱負，現在我的厚臉皮得償所願了。梅麗莎經過一番深思熟慮，決定邀請我一起加入和佩雷斯總統的一對一會面。當我們在車上為會議做準備時，我整個人既興奮又緊張。

我們提早了一小時抵達總統辦公室，想說會需要通過嚴格的安檢。在安檢過程中，我終於慢慢地冷靜下來，準備好全心全意地體會整場會議。完成所有正式安檢程序後，我們到了佩雷斯總統的辦公室側廳，和剛才相反，這裡的氛圍十分平靜、溫暖、放鬆，完全出乎我的意料。佩雷斯總統擔任過很長一段時間的以色列總理，更在二十八歲時就成為以色列國父大衛・本古里昂（David Ben-Gurion）親選的門徒。第一眼見到西蒙・佩雷斯，你就能察覺到他的與眾不同之處。

他邀請我和梅麗莎進到他的辦公室，我們三人獨自談了大約一小時。他是極有天賦的演說家，而且不只是在全球舞台上，即便是一對一的談話，他看似不經意的觀察都別具洞見，還能將你的意見和想法提升到全新層次，發展出令人難忘的構想。十二年前佩雷斯榮獲諾貝爾獎，獲獎原因是他在總理拉賓（Yitzhak Rabin）手下擔任外交部長時，與巴勒斯坦進行了多次的和平談話。雖然我們那天是坐在他的辦公室，但不難想像他的談話技巧是如何在十幾年前的緊張談判局面中派上用場。

佩雷斯總統談到他持續為「佩雷斯和平與創新中心」（Peres Center for Peace and Innovation）投入的心力，目標是「透過多元包容、加強經濟與科技發展、促進協同合作，以及增進人民福祉等方式，促成中東地區長久的和平與進步」，而 Google 的創新專案能夠為此提供諸多的合作機會。會議結束時，我知道這是永生難忘的一天，而且徹頭徹尾地改變了我。

我熬夜為梅麗莎準備會議、記下了整份簡報文件，對會議主題充滿熱情，但如果不是因為梅麗莎不可思議的領導能力，而且對於團隊人才的能力發展非常重視，我那天學到的一切可能會就此劃下句點。我現在確信，梅麗莎身為主管，她樂見所有下屬（包括我）擁有這類的成長經驗，她之所以能在 Google 創下如此的傳奇和強大的影響力，很大一部分是因為她能為團隊發掘並招募到多才多藝的新血，為他們提供夢寐以求的挑戰來提升能力，並拼盡全力為夥伴爭取未來發展機會。梅麗莎大可只在乎自己的影響力和雄心壯志，但她的心胸更為開闊。

梅麗莎擁有史丹佛大學的人工智慧碩士學位，不僅是 Google 的第二十位員工，也是 Google 雇用的第一位女性工程師。她沒有自滿於自己的天賦才能，一手打造出的團隊不僅才華洋溢、忠心耿耿而且還能改變戰局，他們扭轉了整個公司的發展方向，而她的影響力也因為這些數一數二的團隊成員而以倍數在成長。梅麗莎聘雇的人才為科技業帶來了不可估量的漣漪效應，遠遠超越了 Google 的事業範圍。她一手栽培出來的這些企業家在離開 Google 後，紛紛成為無數科技公司的高階主管和創辦人。我一直覺得自己有責任要報答她投注在我身上的資源，創造出正面的影響力，才不會辜負她的名字。

經過這次經驗，我的目標變成盡量把工作時間花在追尋自己的使命，並成為像梅麗莎一般的領袖人物，在他人只看到限制的情況下，為身邊的人創造出各種機會。

第四章

高投報夢想衝刺計畫

在本來毫無機會的情況下，你是否能在公司或團隊中找出讓你能夠捲起袖子、做就對了的機會？為了成為理想中的「未來的我」，你可以如何擬定路線、勇往直前，從現在起不再把工作視為日常營生，而是崇高的使命？你現在可以制訂什麼樣的升遷計畫，訓練自己成為領袖人物？

尋求良機：公司和團隊的使命是什麼？你要如何把公司的目標當成北極星，使自己的抱負與之一致，並參與和那個使命密切相關的重要專案？

思索對策：如果要同時提升自己的能力並減輕團隊或主管的負擔，你可以在這週想出什麼樣的提案？你要如何提高自己的能見度與重要性？

採取行動：這週馬上安排與利害關係人面談，提高自己的能見度並說明你的成長願景。

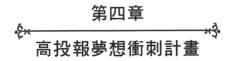

第五章：加入決策核心

我職涯中大部分的時候都是和權傾天下的大人物待在同一個會議室，這同時是我極大的特別待遇，也是我所面臨的最大挑戰。這麼說不是為了博取同情，反之，我對此感激不盡，但這也代表從一開始踏入職場到日後的各種工作場合中，多數的時候我都處於緊張害怕、坐立不安和不得其所的狀態。我的挑戰在於要學著找出自己的價值，但身為會議室中資歷最淺的無名小輩，很容易會嚇到動彈不得、無法進步。在這種情況下，選擇不發一語或退出會議通常是最輕鬆的做法。

這世界上或許有人天生就充滿自信，能夠自然而然地接受特別待遇，但我認為大多數的人都需要付出一定的努力才能獲得一席之地。二十來歲剛進入職場時，我的老闆都是世界上數一數二的大人物，而我只是個小菜鳥、專業成長方面還處於醜小鴨階段，卻被丟到一群大咖中間。大部分的人可以用整個職涯的時間，循序漸進地爬到最高層，但我不行，所以每天都過得緊張刺激又膽顫心驚。

我很快就發現，如果不想只是苟延殘喘，而是要發光發熱，我勢必得擬定行動計畫，因此我決定要盡快達成以下三個目標：

- 克服冒牌者症候群
- 設計簡單有效的系統
- 在不可能的情況下爭取一席之地

我加入的科技公司在剛開始的那些年發展飛快，所以說我要不是瞬間滅頂，要不就得趕快學會游泳，問題是我覺得身邊的人都像是「飛魚」麥可．菲爾普斯（Michael Phelps），而我還戴著浮手在那載浮載沉，如此巨大的差異，我必須想辦法貢獻一己之力，否則就必須離開泳池。重點是，我並不想走。

克服冒牌者症候群

我在亞馬遜和 Google 的同事都是學歷家世一流的超級菁英份子，所以我經常覺得自己是唯一一個不是從史丹佛、哈佛或麻省理工畢業的人。我從小大到讀的都是公立學校，連博士學位都是州立大學，儘管加州大學柏克萊分校是世界排名前十大。我花了整整十年的時間才想通這是我的優勢而非弱點。

在很長很長的一段時間內，每次和新認識的人聊天時，我都會很快提及是 Google 主動招募我，所以我選擇暫時中斷博士學程。我認為如果要用一句話證明我夠聰明，這是最簡單快速的方式，而這個行為其實是種本能反射動作，試圖向別人證明我值得待在這間公司。我有很長一段時間都覺得自己不夠好。早在我瘋狂的職涯展開前，我從高中開始就經常夢到自己在上進階先修課程時，學校行政人員走進了教室，大聲問老師我為何在這，說我根本不屬於這個班級，應該要去上更基礎的課才對。過去幾十年來，我一直打從內心害怕自己不夠聰明，不配跟那些天資聰穎的人站在同個舞台，仔細想想這根本毫無理性可言。

尋找夥伴．建立團隊

我發現要克服冒牌者症候群最有效的方法就是找到合適的夥伴。在還沒準備好接受大師指導前，我必須先找到對的夥伴，最好是在工作上領先我一、二步的人。如此一來，我才能提高工作效率但又不會因此退縮不前，這是我行之有年的做法。這些夥伴會成為我最好的明燈。

我在亞馬遜的第一週，就找齊了第一個團隊中最關鍵的夥伴，其中最重要的一員就是約翰，我受到他的許多關照，每次我要向傑夫簡報任何東西之前，他都會看一遍我準備的資料，還會仔細說明分派給我的工作背後的目的，以及這些工作對公司的遠大目標有何作用。謝天謝地，我沒有出於任何原因不敢問他問題，假裝自己什麼都知道、能夠掌握一切。我甚至連一堆基本的技術名詞縮寫都會問他，像是 SQL、CRO、B2C、TL;DR、SaaS、SEO 等等，這些詞彙後來都成了我信手捻來的慣用語。

在我了解自己被分派到的任務有多重要後，下一步就是針對和任務有關、必須快速精通的重要技能，找出合作夥伴並和他們打好關係。像是我第一年在亞馬遜工作時，就必須和包機公司的航班協調員一起合作。我先前從未訂過私人噴射機，也不知道該怎麼做，但馬上就發現跟預約商用客機完全不一樣。航班協調員開口就問，你想要灣流航太噴射機（Gulfstream）還是龐巴迪里爾噴射機（Bombardier Learjet）？你想要使用目的地的哪個固定基地營運業者（FBO）[3]？他在問什麼我毫無頭緒。另外，我很快就明白，我必須和安全團隊密切合作，學著評估外部會議場地的風險，還要注意那些支微末節但不可輕忽的細節，例如訂飯店時不可以訂七樓以上的房間，因為意外撤離時，那是消防雲梯能到的最高高度。這些都只算是基本常識而已！我的工作內容日益複雜，所以這時就要靠軍師隊友了，在我焦頭爛額時幫我出主意，讓我得以把心思用在真正能夠帶來影響力的事物上。

我在職涯中加入過許多團隊，但不是每次都有好的開始，也曾遇過不少令人灰心喪志的工作環境。我有次意外加入一個團隊，其中有個隊友配合度極低。這名隊友覺得我加入等於在說她能力不足，而且動搖到她在團隊的地位。她是隊上最資淺的成員，迫切想在工作上獲得認可與提拔，也因此認為比她資深一點的我，會成為她升遷的阻礙。

她從工作的第一天就處處針對我，用盡各種你所能想像到的方式刁難我，不只言談

3.（譯註）通常設在機場附近，在機場內有一至二個站點，提供地勤服務或飛機零件以及各式後勤服務，並於機場設有專屬之大樓及維修棚場，以及專屬通關檢疫、候機室及貴賓室。商務專機或私人專機於規劃航線時，均會將 FBO 優先納入考量。

無禮、盡尖酸刻薄之能事，甚至還過分到蓄意破壞我的工作成果，包括刪除或篡改我負責製作的檔案，想讓我在高階主管面前出醜。最後，我每天都帶著恐懼上班，就算我熱愛我的工作和手上的交辦事項，但任何一點雞毛蒜皮的小事都能引爆她的不安全感，然後就整天跟我針鋒相對。

我們的大主管對她的行為和我的處境一無所知，直屬上司則是積極地想要引導我們一同解決這個狀況，而當時我們也不覺得有嚴重到必須向上呈報。現在想想，這個決定錯得離譜，因為其他人如果只接觸過這位態度不佳的隊員，就會根據她的不當行為來評斷我們的大主管，這樣有失偏頗，畢竟這位主管根本無從知悉這些行為。

當時我努力想讓這位隊友更加自在與配合，每天早上都會開視訊會議，討論我們全球團隊的議題，以便針對彼此都關注的事項進行合作；我也花了無數小時與她討論工作，並試著認識她這個人。

雖然也是有相處融洽甚至可以說相談甚歡的時候，但她帶有敵意的競爭態度還是持續了二年以上，後來我都開始懷疑是不是自己反應過度，或根本是我想太多。過了近十年後，有天突然接到她的電話，不僅向我道歉，還承認之前用許多方式破壞我的工作，當時我終於放下心中這塊大石頭，原來這一切都是真的，不是我在胡思亂想。

經過這次教訓，我建立起一套專屬於我的價值評估系統，此後都透過這個方式來評估每個專業機會，也建議接受我顧問的客戶在公司內部採用這套系統。我知道自己的工作必須具備以下二個要素：第一，我要為自己崇拜並以其為目標的上司工作，為了達成這個目標，就算要我做一些不太有成就感的工作也在所不惜；能夠和自己想要效仿的領袖人物一起工作，一切都是值得的。其次，我想要時時接受挑戰、不斷精進技能。在和那位可怕的隊友共事時，這兩個條件都有滿足，所以我在那種困境下還是能堅持下去。我對自己保證，只要這二項條件不復存在，我就會斷然離開。

後來我遇到類似的情況，有位客戶來詢問我的意見，她任職的公司位於美國中西部，正在擴大營業規模，她對工作充滿抱負，但主管卻處處找她麻煩。她做了所有對的事：付出相應的努力、接受沒人要碰的專案、擬定成長計畫，甚至還利用晚上和週末的時間去修習研究所課程，好提升自己的能力。但令她倍感無力的點在於，她想爭取一個公司也迫切需要的職位，卻一直公然地被無視且不受尊重。

在付出整整一年的努力，她最後認清了，如果想要進步，她必須換個團隊或離開公司。這是十分痛苦的決定，她對公司忠心耿耿，也付出了極大的心力，但最終仍離職了，因為她明白自己的主管不是她想成為的那種領導者，而且這樣下去沒有任何成長的空間。雖然一開始看起來像是承認自己輸了，但對她來說離開那個團隊是正確的決定。

夢幻團隊．親手打造

工作了一陣子後，就在我加入艾瑞克的團隊滿三年時，他從執行長轉任執行董事長，原本的下屬全都換到公司的其他團隊，只剩我們兩個相互支援，所以我們必須徹底重新定義自己的職務角色。我認為這是我爭取晉升為幕僚長的大好時機。雖然我的職責範圍立即有了大幅變動，但我還是必須努力爭取正式的頭銜。最後我花了幾年的時間，才說服人資部門正式設立這個職位。當時 Google 並沒有任何正式的幕僚長職位，而且這個職稱在矽谷也不像現在這般常見。

我覺得自己好像突然擔起了十個人的工作量，而我之所以能成功，關鍵在於我能夠管得動許多高階人員，包括對我有足夠信任的主管，以及我積極建立新合作關係的高層。我負責擬定會議議程、提出策略建議、頻繁代表執行長出席會議，還要替他檢視與批准高階專案的決策。不管我準備好了沒，我都已經站在鎂光燈下。

然而，要貫徹如此的效率和影響力，我不可能一直單打獨鬥，必須從無到有建立全新的團隊，並為我們的辦公室創造絕無僅有的商業模式。親手打造夢幻團隊勢在必行。

我想要招募的人才必須擁有多元的專業、背景、才華和興趣，而且必須比我出色才行。徵才標準必須高到不能再高，才能達成艾瑞克和我設下的目標。我不會錄取任何不能馬上取代我的人，你必須十分信賴下屬才能做到這個地步，但我知道這樣的團隊能夠督促我持續發揮更佳表現、追求創新並提升影響力。

我是透過觀察公司的執行長和客戶打造團隊的方式才歸納出這個原則。我發現一旦做到執行長這個位置，你要管理的屬下通常在特定領域的專業知識都比你強上許多。有時候手下的主管讀過的大學可能比你好，或是學歷比你高，想要成為頂尖的領導者，就必須有能力管理擁有超強專業技能的人才，不能讓自尊心或競爭心理開始作祟。高影響力團隊能激發隊上每位成員的最佳表現與優勢，而且會要求他們同心協力、貢獻所長，發揮團隊力量。

後來，我打造的團隊效率奇高，艾瑞克一直到八年後才鬆口，說我的團隊「優秀到令人無地自容」，因為我們讓其他一起共事的團隊感到汗顏。設計團隊運作模式並不難，找到對的人才是真正的難關。

金・庫柏（Kim Cooper）是我招募到的第一個隊友，她從 Google 創立初期就開始為共同創辦人賴利和塞吉工作，具備與公司有關的必要核心知識和關係，能夠馬上投入工作。她根本是老天送來的禮物，讓我不至於在工作中滅頂。起初她只是偶爾來幫忙，後來覺得這裡的工作太有成就感了，而且和我一起工作非常愉快，就長久待了下來。

金和我沒日沒夜地工作，才勉強完成每天的工作要求，我知道我們不可能一直這樣拼命下去。我花了將近一年的時間，才說服艾瑞克讓我再找一位隊友。

我深知艾瑞克是個看資料說話的人，所以我後來做了一份試算表：第一欄顯示我們負責的所有基本核心職責；第二欄則列出我們目前手上的專案，但這些專案完全不在我們基本工作交付項目的範圍內；最後我在第三欄告訴他，如果聘到第三位具備傑出專業技能的隊友，我們就能發揮的影響力與可以展開的專案。這份試算表總算成功讓艾瑞克同意再添一名生力軍，唯有這樣的專業團隊才能達成我對團隊成就的願景。我當初沒想到的是，艾瑞克真正遲疑的點在於他不想要有任何「隨從」了。他已經把自己擔任執行長時的所有直屬下屬調走（除了我以外），就是希望團隊能夠盡量精簡。當我清楚說明有這些高階人才可以成就的事，他就不再有任何猶豫，我也獲得了支持。

接下來我花了整整六個月的時間在找那位對的人，最後終於找到了布萊恩·湯普森（Brian Thompson），當時他在倫敦為一位避險基金執行長工作，職務內容跟我們的需求差不多。視訊面試一結束我就決定雇用他了，連他本人也沒見過，而他也決定賭一把，直接從倫敦搬到加州，加入我們這個由夢想家和實踐家組成的團隊。我們決定把賭注押在彼此身上，這是我在事業上做過最棒的其中一個決定。

我們的團隊高手雲集，而且彼此都能相互支援替手，就像三個身體共用一個腦袋一樣。雖然我是團隊的頭頭，也要為團隊成敗擔起最終責任，但我希望團隊的結構盡可能扁平化，每位隊友都擁有同樣的自主權與成長機會。我們不僅具備自身難以取代的優勢，同時也能補足其他人的不足之處。

我知道我不能容許隊友彼此競爭，在職位或專案分配上也不能有任何會阻礙發展的差別待遇。整個團隊休戚與共，唯有團結一心，才能獲致成功。沒人需要去爭奪「超屌」的專案，也不會有人比別人更出風頭。我從不隱瞞任何資訊，夥伴間也從未想過和彼此一較高下，大家隨時都很樂意為彼此的工作提供協助，不會計較誰付出的多。如此有凝聚力的團隊我前所未見。

當然，在打造團隊的過程我也犯了不少錯。在這之前，我從未帶領過整個團隊，也沒受過任何正式訓練，而且還必須在龐大的壓力和工作量下，靠自己想出各種解決辦法。我們的團隊模式非比一般，所以我們必須邊學邊做且戰且走，在事情出錯或徹底搞砸時做出相應的調整。隊友也曾數度對我失望不已，好幾次我為了確定沒有遺漏任何細節，想要做好品質控管，而不小心踩到他們的地雷。

密切合作表示有一堆乏味無趣的小細節要注意，所以我建立了一份團隊專用的 Google 文件，用來追蹤目前所有的行動項目。不管大家是身在世界各地，還是整天在同個辦公室，我們每天都會開同步會議，一次都不取消。我們寄出的每封電子郵件一定會把團隊共用的電子郵件地址加入副本，如此大家就能隨時知道每個專案的最新進度。

隊上的表現在方方面面都突破了我的期望，他們讓我能夠發揮創意、勇敢逐夢，面對挫折也能挺直腰桿，並用同理和歡笑帶領團隊航向未知。

我發現想要成為有影響力的主管，最好的辦法就是選擇能夠敦促你每天在工作上全力以赴、拿出最好表現的人才。每天上班時，就算疲憊不堪，我還是會逼自己展現出最佳狀態，為的就是不要讓自己成為團隊的弱點。因為知道隊友都會挺我，所以我才能安心放眼未來，把心力擺在成就將來的願景。比方說，我能夠專心想辦法協助艾瑞克和公司更上一層樓，因為我知道今天一切事情都會如期進行。這個團隊成了我的家人與靈感來源。

有了團隊的後盾，我們終於有能力處理無窮無盡的專案，並替公司達成許多空前的成就。全新的工作重心讓我如魚得水，跟我的個人興趣、價值觀與成長目標搭配的天衣無縫。這次機會讓我獲益良多，更學到了許多領導技巧。由於我們每天在做的都是前所未聞的事，而且要在正式實行前把這些項目用到盡善盡美，因此我每天工作時都戰戰兢兢、如履薄冰。正因如此，我也學會抵抗想要做到完美無缺的本能反應，轉而把焦點放在我們所能做出的貢獻。

設計簡單有效的系統

在草創初期的科技公司工作，其中一個好處就是大家都是邊做邊學，沒有任何前例或前輩可以參照。即便在投入職場多年後，我在面對新挑戰時還是會犯錯，這時我就會回頭想想那些放手一搏的膽識、勇於實驗的精神以及快速調整目標的經驗。當我在學習如何有效管理團隊時，這些經驗更是功不可沒。

某年夏天我負責管理 Google 倫敦和紐約分公司的好幾個專案，也就是說白天的時候我必須想辦法分配時間給歐洲或美國東岸的同事，晚上則要管理我在加州總部的團隊。即便我們製作了共享文件、每天開視訊同步會議，也精心規劃了專案進度，我還是吃了不少苦頭，才真正明白遠端帶領團隊有多困難。我沒辦法即時進行健全性測試（sanity check）[4]，也不能像以前一樣在咖啡廳和人閒聊。重點是之前整天一起待在辦公室，所以我能給隊友極盡詳細之能事的指示和回饋。

離開加州前，我預期會距離會帶來一些挑戰，所以除了每天至少一小時的團隊視訊會議外，還安排每週和每位直屬員工一對一談話，目的是要和每位隊友保持個人關係。一天天過去，隨著我在倫敦每天愈來愈晚下班，這些一對一談話的頻率也愈來愈低，而我錯就錯在放任這種情況發生。後來變成都是出事了我們才開會，不再像以前一樣能夠提前預測問題並及早提出解決之道。那年夏天我和團隊為此付出了不少代價。現在回想起來，我在二〇一七年學到的教訓極為寶貴，因為全世界在二〇二〇年開始都被迫要遠端工作。

然而，和外部的夥伴協同合作並同樣交出漂亮成績時，也讓我在合作、領導和管理方面學到不少最為寶貴的經驗。

創造機會・百尺竿頭

大家都知道，Google 的共同創辦人賴利和塞吉出了名的有將近十年時間，堅持不要任何助理或直屬員工。因為未來通常不是在會議室中的正式會議誕生，所以他們想要隨時隨地自由加入任何構想討論，也想要擁有足夠的個人空間去孕育科技的未來。他們在公司剛創立的那幾年曾組過一個支援團隊，但最後還是選擇解散團隊。他們決定最好還是不要讓任何人佔用他們的時間，或是逼他們做任何不想做的事。麻煩的是，公司有時真的需要他們出手幫忙，這就是我派上用場的時候了。

在我為梅麗莎工作的那個時期，賴利和塞吉已經很習慣我的存在，主要是因為我們的辦公室相距僅二分鐘的路程，都位在同條走道上。替艾瑞克工作時，他們偶爾也會請我協助一些專案，雖然都不算是我的工作範圍，但我覺得為沒有什麼方式比為公司創辦人的特別專案貢獻一己之力，更能有效為公司服務並學習領導力和經營策略。

我為 Google 創辦人處理的專案無所不包，有時甚至會叫我去接待特別來賓，帶賓

4.（譯註）此為小範圍的回歸測試，通常是用來驗證系統經過細部更動後的功能沒有問題，例如程式碼變更。確定沒問題後才會進行大範圍的版本測試。

客參觀園區。有天他們在毫無預警的情況下，指名我去接待一位貴賓，接下來我就和知名女演員娜塔莉．波曼（Natalie Portman）在園區漫步，花了一小時左右的時間和她解釋我們的企業文化，接下來才帶她到我們的每週全員大會（TGIF）上給大家驚喜。我就不賣關子了，她是我見過最為彬彬有禮且機智聰慧的人，給我留下了非常深刻的印象，我見識過的大人物並不少，這可是極高的評價。

我的工作早就堆積如山了，這些臨時專案感覺好像是雪上加霜，但我知道這是難能可貴的機會，讓我能夠和自己景仰的領袖人物學習與共事，所以我從不說NO。

有天賴利跑來跟我說，他每週想用一個下午的時間，和Google內部的頂尖工程師會面，不需要太過正式。他很懷念從前可以隨便走到任何一位工程師的辦公桌旁，然後直接問：「手上在做什麼啊？」公司現在的規模實在太過龐大，員工人數超過了二萬人，可他不想失去和員工的連結，或是無法掌握核心工程問題。他問我能否幫他解決這個問題，所以在接下來的六個月，我為他在公司各處安排了「與工程師閒聊」（Eng Chats）活動。

最令大家惶恐的是，賴利不想有任何正式的日程安排，就是想「突然出現」在需要他的地方，然後了解當天在進行的關鍵專案。我整理了一份試算表，上頭列出建議他拜訪的工程師，我會透過這份表單進行追蹤，同時隨時調整優先進度與新增建議人選。我每週四會花三小時的時間和賴利討論，好讓這些對話活動順利進行。每週我會根據公司當天最為要緊的專案排出優先清單，然後在園區地圖上標出那些工程師的所在位置，方便賴利自行前往。

賴利很喜歡我用有條有理但又不多加干涉的方式來安排他的工程師閒聊快閃活動。我也藉此不可多得的機會認識了 Google 所有最出色的工程師，並和他們建立起牢靠的工作關係，更因此對公司的核心策略和最大優勢有了全面的認識。密切關注開發中的技術和經常與公司最具競爭力的工程人才對話，這個習慣讓賴利得以在艾瑞克十年任期屆滿後，接手成為自己公司的執行長。

打好關係・向上管理

Google 共同創辦人會找我負責這項特殊專案並非毫無來由。大家都知道我十分擅於把功課做足，雖然「做功課」的過程一點也不吸引人，但卻能夠讓你的工作徹底改頭換面。我經常在深夜裡一個人閱讀、研究、傾聽與觀察公司當下的需要，以及未來想要成功所欠缺的元素。要做到這個程度，我知道自己必須大量接觸不同的情境和意見，才能獲得足夠的資格坐上我未來想加入的決策桌，所以我才會一再接手能為我帶來不同觀點的專案。建立起良好的聲譽後，機會自然隨之而來，這可是我年復一年、全力以赴的成果。

但即便做了萬全準備，我在接手賴利這項專案時，還是必須謹言慎行。向上管理位階遠高於你的對象是門藝術。擁有信任基礎是首要之務，你必須先證明自己多才多藝、忠心耿耿且願意處理瑣碎的例行公事。在大部分的情況下，這些工作好像沒人看見，而事實或許也是如此。隨著其他日常工作不斷累積，我們很容易忘了這些工作的價值，但這就是你為工作奠定穩固基礎、收集適當資訊，以及了解核心公司策略、上司目標與團隊動機所在之處的最佳管道。

我看過不少人在還不具備所需技能的情況下，就急著想負責專案、獲得升遷並站上舞台，卻沒有好好地打下基礎，因而功虧一簣。如此行事對個人的名聲與團隊前進的動力會帶來極大傷害，所以千萬不要急就章，堅持不懈地學習與付出是必經之路。

你在這個階段有機會去找出自己能為上司處理的事務，讓他們有更多時間提高產出、把心力放在最具影響力的工作上，並將任務分派給你，讓你得以精進技能與提高影響力。這是我們在向上管理時最想獲得的雙贏局面。如果上級能夠放心交派任務給你，就是你站上更大舞台的最佳時機，光靠自己是行不通的。

當管理階層希望一切事情運作無礙時，你必須是他們第一個想到的人。

我擔任顧問的一位客戶經歷了一段快速成長時，也面臨到許多隨之而來的問題。客戶公司的執行長挑了一位他自覺完美的人選，希望之後能成為分擔自身工作的左右手。不幸的是，那位員工認定自己是唯一接班人後，工作效率一落千丈，成了自己最大的敵人。他嘴巴上講得好像很厲害，但該完成的事都沒有做到，而且對自身工作的標準出現極大落差，失去整個團隊的信任。這次的晉升他本來穩操勝算，最後卻敗在自己手上。我們後來只好聘用外部人選來取代他，還要想辦法彌補他造成的損失。新上任的領導者走以身作則路線，不僅與團隊同進退，還願意接手任何關鍵專案，不論專案內容有多平凡無奇，絲毫不因頭銜的光環分心。在她的努力下，那位客戶總算能聚焦於公司的核心成長領域，進而帶領公司搶占競爭優勢。

處變不驚．解決問題

希拉蕊．柯林頓（Hillary Clinton）當時剛完成親筆所寫的《抉擇：希拉蕊回憶錄》（*Hard Choices*），三天後她的新書巡迴宣傳將來到矽谷。她的副幕僚長胡瑪．阿貝丁（Huma Abedin）與我接洽，詢問是否能在 Google 舉辦一場由希拉蕊與艾瑞克主講的新書座談會。她週五打電話給我，當時我們正在另一州展開年度思想領袖會議，而他們希望星期一能在山景城舉行對談，也就是我們預計抵達總部的隔天一早。

艾瑞克認為這個主意不錯，所以我著手開始進行聯絡事宜和分派舉辦活動所需的物流工作，這些行前準備事項非常複雜，不僅因為這是園區的大型活動，而且來的還是前第一夫人。我必須利用週末的時間和各個團隊協調合作，包括企業通訊部門、活動部門、法務部門、Google 安全部門以及美國特勤局。我們的努力沒有白費，艾瑞克和希拉蕊星期一準時出現在總部的舞台上，現場人山人海，還有數千人在 YouTube 上觀看。

為 Google 員工舉辦的活動結束後，希拉蕊主動說要為大家簽書，所以她的助理事先安排好把書送來會場，結果很快就發現他們低估了現場的需求，排隊的人潮太多，書很快就不夠了。其中一位活動志工急急忙忙跑到希拉蕊簽書的桌邊，我就站在旁邊，然後幾乎是用喊的：「事情大條了！」希拉蕊的助理趕緊把那位志工從桌旁拉走，然後冷靜地說：「沒有任何問題，我們可以解決的。」她很快想出解決辦法，向排隊的人保證，就算沒有拿到書，還是可以跟希拉蕊見面合照，晚上希拉蕊會把剩下的書簽完。問題解決！

那一刻印在我的腦海中好多年，因為這完美闡釋了我身為幕僚長成功的哲學與秘訣。在沒有徹底研究所有議題、收集必要資料以及準備好數個行動建議前，我絕對不會艾瑞克提出任何提案，因為我不想只是提出問題，而是要提供解決方案。這就是向上管理的關鍵。

在不可能的情況下爭取一席之地

曾經我覺得萬分恐懼，身為一介員工，每天和世界頂尖的執行長共事，看著他們日復一日不斷努力提升自己的影響力。我必須時時面對這種恐懼感，同時又不能因此忘記自己享有的特別待遇和手中相應的工作。如果你一直在精進自己，就一定會出現這種惶恐不安的感受，所以你時刻必須提醒自己，有此感受就表示方向對了！

由於我決定要一步步增加自己的貢獻，因此勢必要發揮創意來簡化流程、分派工作並引進更多新夥伴與實務做法，才能把時間精力用在策略性決策和內容提供上。我花了好些時間才把事情做對，調整的過程中也不免有些難以應付的棘手時刻。我想要在Google和其他地方創造更大的影響力，而且我看見愈來愈多適合出手的機會。

自創機會．勇往直前

二〇一四年夏天，我的團隊正在負責處理高階的政治議題，所以我們有好幾個月的時間都待在歐洲，其中一個策略焦點領域是在馬德里王宮覲見新加冕的西班牙國王，起因是他的父親突然宣佈退位。我和公司當地的政策團隊合作擬定了簡報，以供艾瑞克覲見國王時使用，其中包括Google針對如何在西班牙鼓勵並促進創業精神提供的相關建議。當時西班牙仍在二〇〇八年的經濟衰退中掙扎，而在新國王的領導下，迫切需要新政策帶來新希望。

我們在馬德里的Google創業園區（Google for Startups Campus）舉辦了好幾場的高階會議，並在駐西班牙的美國大使詹姆斯．科斯托（James Costos）的宅邸中，和許多文化領袖共進了一場有聲有色的晚宴。現場十分熱鬧，其中有不少藝術家、製片人以及音樂家。和一群深具影響力的西班牙知名人物待在同一個屋簷下，我實在有些彆扭不安，但絕不能因此影響到工作效率。其中令我最印象深刻的活動還是在馬德里王宮覲見國王，那時我內心忐忑不安到了極點。

開去王宮的路程跟拍電影一樣，我們離開了大街，駛入一條小路，兩旁是參差錯落的林蔭，放眼望去沒有任何其他建築物，直到我們在王宮的入口處停了下來。抵達接待大廳後，Google 的政策負責人發現艾瑞克打算帶我一起去覲見國王，她嚇壞了，因為國王身邊並沒有安排任何隨從。艾瑞克堅持立場，表明他必須帶著我，放我一個人在大廳等待沒辦法發揮任何作用，我在一旁大氣不敢吭一聲。

我安靜地坐在會客室，心臟狂跳不已，一直到我被點名提出看法。我覺得彷彿有千斤重擔壓在身上，必須證明艾瑞克說的沒錯，我待在這是有價值的。艾瑞克向來喜歡有位立場中立的人在場，好提供摘要過的觀察內容與建議的後續步驟，這次也不例外。我不認為自己的看法為那次和國王的會談帶來任何實質上的改變，但的確大大的改變了我，即使有人告知我已經沒有名額了，我還是敢自己拿張椅子坐下來。這就是所謂的頓悟時刻！

但我現在發現，我不只是想加入要事發生的會議室，我還想爭取坐上決策桌。

與眾不同，創造價值

在和艾瑞克的創投公司「Innovation Endeavors」合作時，我經常體會到這種向上提升的不安感。我每年都要負責安排世界知名的科學家、學者和創業家到特拉維夫參觀。二〇一五年是第二次的參訪之旅，我們在魏茲曼科學研究所（Weizmann Institute）見到了許多卓越超群的頂尖人物，致力於研究如何透過人工智慧來提升拯救生命的醫療技術。我根本就不屬於這個專業領域，這還是最好聽的說法了！

我記得有場晚宴就辦在某間知名博物館旁的私人住宅中，當時我記下了無數頁的專有名詞和參考資料，全都是我聽不懂、打算晚點來查的內容。在這種情況下，一般人很容易就嚇到驚惶失措，所以我是拼了命地在抵抗那些自我受限的想法。會議開始前不可避免一定要自我介紹，我一不小心可能就選擇保持低調，覺得憑自己的學經歷根本沒資格坐在這裡或參與討論。

有時候我只能堅信，艾瑞克聰明絕頂，他刻意選擇帶上我，一定是認為我能為討論內容提供不同見解，所以我必須相信自己能夠有所貢獻。會議討論進行一段時間後，艾瑞克一定會點我的名，要我在大家面前說出看法和釐清問題，就像當初和國王會面的時候一樣。這種情境不管經歷過幾次還是很駭人，但我明白他這麼做無非是想要透過非專業人士的角度來看事情，讓討論內容朝更有生產力的方向走去，並直指我們想要解決的問題核心。

這些會議和與會者都是世界頂尖的場合與人才，但我肯定不是。然而，如果你想拓展自身影響力，且願意付出代價去爭取，那你肯定避不開這類情境。這是條漫漫長路，要進入這些決策發生的會議室，你必須做足事前準備工作，不僅支微末節且不會有人看見，但成果會慢慢在工作中浮現。唯有如此，機會來臨時你才能自信滿滿地舉手爭取，在本身工作範圍外做出更多貢獻，給自己更多曝光機會，接著一步步在更重要的會議中開創機緣。缺額從不存在，必須靠自己爭取而來。

第五章

高投報夢想衝刺計畫

目前有什麼機會可以讓你在更大的舞台上有所貢獻？冒牌者症候群在哪些方面讓你處處受制？你要如何尋覓領先你一、二步且能夠給出建議的隊友？如果要打造夢幻團隊，現有團隊有哪些多餘或不足之處？你可以建立哪些系統來幫助團隊和成就自身雄心？隊友是否認為你是處變不驚的人？你要如何運用自己的與眾不同之處，在你最想加入的決策桌旁開創機緣？

尋求良機：你想加入哪些決策桌？你能提供哪些無可替代的貢獻，讓自己有資格進入會議室，接著成為決策桌上的一員？你的團隊必須具備什麼條件才能達成此目標？

思索對策：從這週開始，你可以自願提供哪些協助、做什麼研究或要求哪些資源，讓你離目標更近一步？

採取行動：馬上踏出計畫的第一步！

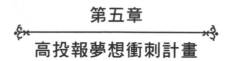

第六章：把事情做到最好

身為員工，如想順利晉升、在團隊中肩負重任並提高能見度，你能做的其實比想像中多。只要能製造雙贏、減輕上司工作負擔並為自己提供成長機會，就會有奇蹟發生。

如要獲得認可並成為下批雀屏中選的初階管理人才，你必須掌握三大關鍵力：

- 擴大影響力
- 精進自身能力
- 創造高效合作力

擴大影響力

傑夫．貝佐斯曾發起一項影響力甚鉅的計畫，專門用來培育管理人才，並將其價值觀和經營方針深植公司各處。我在亞馬遜的第一年，傑夫開了一個名為「影子顧問」的職缺，正式名稱可說是技術顧問。本計畫將從前景看好的初階管理人員裡萬中選一，在傑夫身邊待上一年半左右的時間，類似於現今其他公司所稱的幕僚長。影子顧問存在的原因有二。

首先，影子顧問是專職工作，不需要顧及自身的其他行程、工作交付項目或利益衝突，因此可以和傑夫一起針對最高級別的決策做腦力激盪與辯論。為達此目的，傑夫需要這個人陪他參加每場會議、閱讀每封電子郵件，以及參與商業開發流程的每個階段。也就是說，傑夫等於擁有一位智力上的拳擊練習對手，讓他隨時能夠鍛鍊創新能力，全力創造更大影響力。

其次，這項無可比擬的體驗讓年輕主管得以藉此大好機會學習傑夫的思考模式。這位影子顧問會學著提出傑夫會問的問題、預想他會如何回覆別人的構想和提案、在他人提出構想時站穩腳步去提出強而有力的反問，並以同輩的身分直接挑戰傑夫。傑夫不只允許、更是迫切渴望並積極尋求同儕評鑑；為滿足這項需求，甚至特別創造了這個夥伴角色，負責全心全意幫助傑夫成為頂尖執行長。

職能範圍．不受侷限

安迪．賈西（Andy Jassy）在二〇〇二年正式成為第一任影子顧問，後來在二〇〇三年不僅協助成立了市值高達數十億的亞馬遜網路服務公司（Amazon Web Services），更成為該子公司的執行長。十七年過後，安迪在二〇二一年正式獲提名為傑夫的接班人，即將接任亞馬遜執行長。

安迪是超棒的影子顧問，成功扮演傑夫最好的夥伴，但在他之前有許多能力超群的管理人才皆功敗垂成。正式實施「影子顧問」制度前，傑夫也曾以這個概念為基礎，在公司創立初期時邀請其他主管來進行測試，但參與者都倍感挫折、灰心不已，完全無法達到傑夫渴望與要求的影響力。根據我的推測，問題出在當時不管是傑夫還是初階管理人才，都沒有全心全力投入這項合作關係，要複製領袖人物的一舉一動，光靠兼差是不可能達成的，你必須隨時隨地全力以赴。安迪是第一位竭盡全力、迎接這項挑戰的人。

安迪於二〇〇三年卸下影子顧問的工作，開始負責帶領新創立的亞馬遜網路服務公司團隊，接下來由柯林·布萊爾（Colin Bryar）擔任傑夫的第二位影子顧問。剛開始擔任影子顧問時，柯林問我要如何成為傑夫的最佳夥伴，並做出最有效的貢獻。由於我每天清醒的時間都待在離傑夫大概一公尺遠的地方，因此我才能針對部分問題向他提供指導與建議最佳做法。我幫安迪為會議做準備，甚至向他細說第一次搭乘私人噴射機的注意事項，雖然我自己那時根本還沒搭過。

和安迪與柯林的互動為我個人帶來了足以改變事業方向的靈感。我發現如果我能指導他們在擔任影子顧問時如何和傑夫合作，那為什麼我不能將自己的職能重新定義為類似影子顧問的存在呢？我能夠取用影子顧問所擁有的一切資訊、人力和資源，那我何不把自己大學畢業後的第一份工作，當成專屬於我在傑夫·貝佐斯手下當學徒的獨特經驗？這份工作一不小心就會變得無足輕重、平凡無奇，我不妨拉高看待自身職責的標準，或許如此一來便可改變他人看待我的方式？我希望繼承傑夫的商業直覺，也想要預測傑夫和公司會面對到的所有問題、挑戰和機會。

有了這種全新思維，原本很容易被看輕的工作成了我每天萬分期待的挑戰。我現在把每天的例行公事都當作成長和學習的機會，不再把追蹤執行項目這類工作視為不太需要動腦的瑣碎任務，而是絕無僅有的機會，得以一窺公司的內部策略，了解有效職責分派的最佳指南，以及觀摩傑夫領導公司的最佳守則。除了本來就該完成的工作，我時時在找機會擴大影響力，並將所見所聞以意想不到的方式應用在工作上。這不僅對我的事業成長極有幫助，對整個團隊在推動傑夫的優先目標以及預期未來需求與阻礙方面也大有斬獲。多年後我之所以能成為 Google 執行長的高效幕僚長，這次的經驗功不可沒。

追求成長・創造雙贏

後來一開始進到 Google 為梅麗莎工作時，我也用了此法來提升影響力，包括盡可能地分擔她手上的工作，並因此有機會同時拓展自身的技能深度與學習廣度。梅麗莎的團隊急劇成長，而她的責任也日益重大，很快就成為產品團隊面對使用者時的對外窗口。雖然她已經盡可能把心力都放在重大的交付項目和程式碼審查會議，但還是有其他系統排不進她的行事曆，勢必得有人站出來替她處理相關事務才行。

我開始為團隊的營運架構進行全面評估，想辦法讓運作流程更為有效、省時。我展開的其中一項專案是簡化通訊團隊提出的梅麗莎演講邀約評估程序。在我加入團隊前，這些要求會全部登記在一份繁瑣無比的試算表中寄給梅麗莎，然後再問她想要接下哪幾場。沒有人能夠判斷哪些演講會被接受、哪些要拒絕，然後哪些要由其他團隊成員代表出席。這項工作造成她很大的負擔，而且相較於其他工作，實在算不上是優先要務，但我知道這項業務如果沒有妥善處理，好好運用策略來經營使用者關係和建立信任，會帶來難以想像的災難。科技發展飛快、日新月異，我們需要讓使用者感到安全自在，而不是被排除在外，穩定一致的通訊溝通策略是達成此目標的唯一辦法。

我開始每週和通訊團隊開會，檢視所有媒體採訪要求，排出優先選擇，接下來才把這些選項和策略計畫交給梅麗莎批閱。原本的清單有數百條項目，根本無法消化，梅麗莎也無心力、更沒時間一一查看，但經過我們的大幅刪減並制定了一套系統後，她只要花幾分鐘的時間就能快速批准策略，確保所有事一步到位。

這個新做法讓通訊團隊得以騰出更多時間去積極接洽其他機會，而不是被動地檢視寄來的邀約。多虧了新開發的流程，光是在二〇〇七年，我們就接受了《今日秀》（*The Today Show*）的訪談、登上了《美麗佳人》（*Marie Claire*）雜誌的專題特寫，並在MSNBC、NBC、ABC、福斯與CNBC等新聞頻道上受訪。我們也開始把重點放在增加梅麗莎受邀在大型研討會上演講的機會，例如消費電子展（CES）、《財星》雜誌舉辦的「最有影響力女性高峰會」（Fortune:Most Powerful Women）以及數位生活設計大會（DLD）。針對媒體和演講事宜採取策略性做法後，梅麗莎沒多久就成了 Google 產品的公眾形象，不僅成功提升了個人的專業知名度，也離日後成為執行長的目標又向前邁進了一大步。

當梅麗莎排定要上《今日秀》時，其中發生的一些重要事件也改變了我。說真的，我記不起來當時我們在宣傳的是哪項產品的上市活動，因為真的太多了！但我絕對忘不了那趟紐約行，不僅排了一場場要上的電視節目，中間還穿插了各種內外部會議和上市活動準備工作。整個時程表實在太緊鑼密鼓，而梅麗莎向來是出了名的不準時，我很擔心她會不照表演出，然後直接錯過某場電視訪談，所以我決定要和她一起去紐約，整整四十八小時隨伺在側，好確保所有行程順暢無阻。

在徵求她的同意前，其實我有些擔心，因為出差和管理現場上市活動並不屬於我的職責，而且我之前只和她出差過一次，就是那次去蘇黎世的會議。好險，聽到她同意這個想法不錯，對她或許不無幫助，我真心鬆了一口氣。我們從舊金山搭紅眼航班飛去紐約，一落地就直接衝去開會。梅麗莎有項特殊的超能力，就是可以視情況所需馬上入睡，我就沒那麼幸運了。她隨時隨地都可以假寐，而且只要睡滿四小時左右，就能發揮最佳表現，而我就算在萬事俱備的情況下還是會失眠。

我們一抵達紐約，她就火力十足地開始工作，馬不停蹄地忙了一整天。我最後回到飯店房間時已是凌晨二點，整個人累癱了，睡了三小時就聽到凌晨五點的鬧鐘響起。我們必須在早上六點抵達《今日秀》現場，準備上電視的髮妝。這是我第一次來到攝影棚，站在攝影師後面觀看電視訪問的直播現場，讓我更加了解梅麗莎對團隊和整間公司的影響何在，以及我們要如何最大化她的影響力。我愛死上市活動媒體宣傳的步調、力道和策略了！

這次的經歷更開拓了我的視野和想像力，讓我能夠想出更多辦法幫助團隊把產品成功推廣給全世界，這才是最難能可貴的部分。當天工作結束後我已精疲力盡，同時又能量滿滿，所以在回加州的紅眼航班上根本睡不著。這不僅是我第一次造訪紐約，也為我的職涯帶來了骨牌效應，使我勇於要求自己做得更多，主動參與能帶來更大影響力的專案，因為我想要坐上決策桌並成為鎂光燈下的主角。

經過這趟紐約行，梅麗莎之後每次出差都會帶上我，一起造訪 Google 遠端辦公室、和大型公司的執行長見面、參加所有重大科技研討會，以及在美國各地出席媒體活動。這些經驗讓我做好萬全準備，日後才得以和 Google 執行長艾瑞克一起坐在會議室裡，這原本是我連作夢都不敢想的事。由於擁有共同的成長焦點領域，梅麗莎和我都成功提升了彼此身為高階主管和個別貢獻者的影響力，也成了我們高效合作模式的起點，為我們的事業開創了雙贏局面。

精進自身能力

想要樹立威信，最簡單的辦法就是置身於不得不為之的情境下。如果你想要精進技能，就必須搜集相關資訊、了解各種策略方法，並勇於接下具挑戰性的任務，如此一來才能提升現有專業能力並接觸新領域。我發現我只要做好萬全準備，就有能力因應任何延伸性專案，並發揮出連自己都不知道的實力。

精進自身能力的關鍵是謹慎評估、大膽冒險，然後選擇挑戰性十足的工作，也就是你知道自己可能出於經驗不足而無法表現完美，卻能在短時間內學到許多。我不僅歡迎、更會主動尋求這種恰到好處的壓力。

我為公司完成過許多的奠基專案，其中一個便是獨力打造出 Google 的航空部門。二〇一一年，Google 以一百二十五億美元的天價買下了摩托羅拉公司（Motorola），這是 Google 史上數一數二的大型收購案。這次的收購案十分複雜，管理高層花了許多時間思考如何最大化我們的收購價值。買下摩托羅拉後，該公司的智慧財產權和專利應用程式將有助於我們的「安卓」(Android) 作業系統更上一層樓。另一項棘手工作是決定收購公司員工的去留，找出哪些部門是冗員、哪些人才可以留下來成為 Google 員工。

行動應用程式對當時的 Google 來說是場豪賭，冒了極大的風險。我的主管艾瑞克·施密特時任執行長，選擇大幅投資行動技術等於賭上了個人職涯，因為這將是 Google 未來應該關注的領域，也是我們打造產品平台的地方。Google 該年的公司 OKR 是「行動優先」，也就是說公司的每個團隊在設計所有產品時，行動最佳化必須是第一考量。我決定要看準時機出手，好精進自身能力，因為我知道只要能想出雙贏的提案，就會獲得上司支持。

結果我在摩托羅拉收購案中扮演的角色，以及我想藉此機會增進自身領導經驗的設想，出現了意想不到的變化。這次的公司收購案包含了摩托羅拉所有的公司資產，像是我們最為看重的智慧財產權、員工，甚至是私人噴射機隊。艾瑞克要我負責決定如何處置新購入的噴射機和機組人員。雖然艾瑞克和創辦人都有私人飛機，我也都搭過，但 Google 從未擁有過公司噴射機。我也必須管理並擬定公司的行政包機合約與政策，所以我打蛇隨棍上、決定做得更多。除了原有的相關經歷，我必須進一步擴大自己的專業知識，了解擁有機隊需要具備哪些條件。

這項專案一開始感覺遠遠超出我的工資級別，不管機隊是大還是小，和維修保養、人員配置與物流安排有關的一切事宜，我都毫無頭緒。我把這項整合專案拆解成三個部分，分別是員工、飛機以及企業使用政策。我決定優先處理最不討喜的工作，也就是約談摩托羅拉航空部門的所有員工，包括主管、調度人員、維修人員、機長以及空服員，並決定哪些是必要人員，且能適應 Google 文化。

沒多久我就發現，摩托羅拉的企業文化和 Google 有極為顯著的差異，因此我想航空部門的員工大多不太可能輕鬆適應這個新環境，所以我把評估工作技能的部分交給了其他人，讓自己專心判斷他們是否適合 Google 文化。這個新團隊基本上不會和其他 Google 員工一起工作，所以還有些轉圜餘地；然而，他們會接觸到的 Google 人將是公司最高階的主管，因此他們至少須具備一定的態度，並接納我們的企業文化精神，也就是我們自稱的 Google 風格（Googley）思維模式。

Google 風格是我們每天在工作上都會用到的詞彙，其中含括了特定的問題解決創意技巧，像是協同合作、大無畏的精神以及以數據分析為導向，但同時又要保持謙遜，不能妄自尊大。也就是說，想要達到完美平衡，你必須兼具極高的專業技能和不會自命不凡的美德，能同時做到的人並不多。航空部門團隊的技術專業無庸置疑，所以我要做的是找出能夠在 Google 創新文化中欣欣向榮的人才，並帶領他們從唯命是從的保守團隊，搖身一變成為能夠和我一起重新定義自身文化的創意團隊。

十項全能．多多益善

我和航空團隊主管的第一次會談搞得太過正式了，他們提出生硬的 PowerPoint 簡報（這種簡報根本不准在 Google 內部會議中出現！），依照職級擬定了商業計畫，卻和我們內部扁平化的創新管理架構格格不入。在他們提出的第一個計畫中，我看不到任何創新求變或積極進取的精神。我知道我們必須攜手共創某種獨步一時的做法，才能同時顧及 Google 價值與成長步調。經過溝通後，他們之中有些人突然變得躍躍欲試，對我提出的願景深受打動，試圖為主管差旅想出一套打破常規的做法，並開始和我一起腦力激盪、想辦法提高工作效率，讓工作變成一件樂事，我看在眼裡十分欣慰。然而，還是有些人反而因此變得心神不寧，試圖捍衛過去的傳統，明顯不適應這種實驗精神。

在提出我認為應該解雇的人選清單時，我的心情非常沉重，這是我進入職場後第一次這麼做，但我心知肚明，這些員工無法在新環境中開心工作，轉職去其他傳統型態的團隊反而更能發揮所長。整個過程我經歷了許多掙扎，但最後還是挑選出一個小型核心團隊，他們將成為我的工作夥伴，接下來要和我一起評估整個機隊，並從三架噴射機中選出一台最值得留下的。

和團隊一起完成了漫長分析，並查看了所有使用情況與營運成本，我建議賣掉一架小型飛機，留下最大的那架噴射機供長期使用，並暫時保留另一架較小的噴射機，直到維修成本隨著機齡而過高，再另做打算。接著我必須草擬 Google 企業噴射機的使用政策，專門用來決定可以使用噴射機的對象、時機以及目的。

我必須設計一套公式，用來評估相互衝突的使用申請，並確保能夠優先照顧到真正關鍵的使用需求，這跟申請者的職位階級不必然相關。有時候較資淺的主管提出的噴射機使用需求，可能會比另一位資深主管的需求來得優先。所以在收購案完成後的頭幾年，核准和營運程序都是由我全權負責。

我建立了一套公開透明的指導原則，公告在顯而易見之處，然後每次許可或拒絕申請時，我都會花時間仔細解釋背後所有的考量因素，透過這種合作方式，讓每位主管都覺得受到重視與理解。另外，我還會為高階主管的助理進行特訓，帶他們熟悉政策內容，好讓他們能在最初規劃行程時就提出適當的資源要求，並在每次申請噴射機時都能提出最有力的證明。除此之外，我一定會為每位高階主管提供有效的替代方案，不只是為了對他們的工作表示尊重，也反映出 Google 當下要如何運用現有的資源。如此精心謹慎的安排避免了很多不必要的權力鬥爭或相互誤解。

如果不是我先前花了好幾年的時間，對 Google 的核心策略和股東要求的成果了解透徹，且早就和這些高階主管打下良好的互信關係，我是不可能如此漂亮地完成這項專案。這些年我和主管們博感情、建立起無懈可擊的密切關係，正因有堅實的基礎，我才能向上管理，即便必須拒絕他們的要求，還是能獲得諒解。簡單來說，一句話就能摘要我的工作內容：讓別人開心地接受我的拒絕，這是門藝術。

我們常犯的錯誤是只看見那些令人心生嚮往或倍受關注的專案，滿腦子想著其中的成長價值。然而，我幾乎每次的職涯進展都是來自於接下那些被當作燙手山芋的專案。為了讓 Google 航空部門順利運作，就必須確保公司符合法規，我不知道了花了多少個晚上熬夜鑽研美國聯邦航空總署（FAA）的政策、和專攻航空法的律師談話、研究航空部門對公司和高階管理人員可能造成的稅務影響，以及為了因應公司優先要務的變動，協助在最後一刻變更班機。這根本就是份全職工作，但我份內的工作已經滿到不能再滿了，所以只能以最有效率的方式，把它當成業餘專案來完成。這些毫不起眼的任務成就了我積極主動且善於合作的名聲，大家都知道在公司有任何想做好的事，首要人選一定是我。只要你夠主動，職涯中的任何階段都能找到這類機會。

當然，那些特別有趣、能見度高的搶手專案人人都想要，但經常對所屬團隊真正需要投入心力的基本層面沒有任何貢獻。自我中心是事業發展上的最大敵人，泰而不驕才是專業創新人才的核心價值，同時也是樹立威信的必備要件，想不到吧！

這套做法我屢試不爽，只要把心力放在做出有貢獻的事，必然就會受到關注，進而可以從中創造唯你獨有的氣運和意想不到的機會。

敢做敢當．勇於爭取

想要樹立威信，最有效的辦法是讓自己和上司都能夠重新架構你個人的貢獻。

二〇一二年夏天，Google受國際奧林匹克委員會（IOC）邀請參加倫敦奧運，雖然艾瑞克之前已參加過好幾次奧運，但這次的合作關係對公司該年的計畫特別具有策略意義。「YouTube Sports」事業部門為了取得奧運內容的轉播許可，已和國際奧委會協商已久。傳統的轉播模式是將轉播權授予各國單一的大型聯播網，但單一內容合作夥伴的轉播時間勢必有限，因此只能轉播大型賽事，而其他運動選手的賽場永遠不可能獲得轉播。我們希望這些選手都能得到應有的曝光機會，為世界各地在不同運動領域奮鬥的年輕運動員，帶來更多的鼓勵和啟發。

Google 可以接下聯播網不想轉播的內容，然後在線上轉播。如此一來，既可保障原有的合約權利，又能擴大觀眾群並吸引愈來愈不常看傳統電視的年輕觀眾。奧委會不太擅長改變他們的商業模式，所以對話一直持續到接下來的兩場冬奧：俄羅斯索契和韓國平昌。這項專案讓我萬分期待，因為我從小就很喜愛奧運和超群不凡的運動員。

第一次參加奧運的經驗令我眼花撩亂。好在我有先見之明，比團隊早幾天抵達，先去測試工作證和安全許可的適用範圍。每個運動場館、活動和會議室好像都需要不同的許可證，而奧委會發給我的是最低層級的特殊進入證，也就是說 Google 和奧委會開會的大多會議室我都無法進去，等於我千里迢迢來到世界的另一端，卻無法完成公司派我來做的工作。此外，我也無法搭乘奧運往返不同會場的大眾運輸，或是使用會議室來進行協同合作相關事宜。我必須想出變通方案。

要不了多久我就發現，我必須和凱倫（Karen）做朋友，她是奧運的物流協調人員。雖然我沒辦法說服她給我完整權限，但她給了我適當的權限，可以使用專屬行政專車服務，讓我能夠和團隊一起搭車，在會議開始前一同檢視簡報內容，還可以進入會場內舉行會議的安全區域。然而，這並不包含坐下的權限，不開玩笑，我不能在任何體育場館、活動場地或會議室中擁有自己的座位。雖然真的是可笑又奇怪到不行，但至少我能把工作做好，而且可以站在奧運會的現場，帥吧！這次的工作並不輕鬆，但我極度享受其中的分分秒秒。每天早上我會提早起床，開始測試當天的行程路線，因為每個地點都有特定的入口和安檢程序，有時候光搞懂這些細節就花了我整整一個小時，團隊的行程緊湊，可不能把時間浪費在這上面。

每天晚上我會和 YouTube Sports 管理團隊開會，查看當天會議的所有重點，然後擬定後續追蹤簡報，並針對每項要點規劃與分配行動項目。這些會議會持續到深夜，然後大家睡沒幾個小時，隔天又再來一次。這項專案完成後，感謝艾瑞克的慷慨大方，我有幸能在倫敦又多待了幾天，參加了好幾場奧運活動，終於能夠好好坐下來見識來自世界各地的偉大運動家。

展現實力．大膽演出

看著這些運動選手無與倫比的表現，又想到他們的起點和家庭生活和我們一樣無比尋常，我就心生敬畏。他們必須在很年輕的時候就建立自身的威信，並習得菁英運動員所需具備的專業知識。我坐在場邊看著游泳預賽，身旁是運動員的家屬，顯然也是竭盡全力地在支持自己的家人。

我的前方是萊恩．拉克提（Ryan Lochte）的爸媽，而他正在場上為自己的收藏再添一面獎牌，即將成為史上獲獎第二多的游泳選手。坐在我旁邊的是一位日本游泳選手的家屬，雖然那位選手不可能奪名，但他的夢想就是成為奧運選手，而他的家人為此做出諸多犧牲、放棄享樂，一起踏上這項看似不可能的任務。這些運動選手犧牲了睡眠、投入了所有薪水、嚴格控制飲食、只花最少的時間和朋友相處，然後不厭其煩地反覆練習，致力於追求完美，因為在世界舞台上輸贏間的分界可能就是這零點幾秒的進步。

我很享受和這些選手家人聊天的過程，更喜歡觀看麥可．菲爾普斯比賽，賽後他宣布這是他的最後一場比賽，同時成為為史上獲得最多奧運獎牌的運動員。最令我驚訝的是，這些運動選手過去都曾面對過無法超越的失敗與挫折，包括嚴重的運動傷害、失去教練、四處籌募資金，以及可能會讓他們與夢想完全失之交臂的其他問題，但他們依然頑固地正面迎戰，只為了實現夢想，然後在極端不利的條件下勇奪冠軍。

我發現運動場和商場上的成功有許多共通之處：首先，你必須勇於作夢，立志要讓自己的名字出現在競技場上或執行長辦公室的門牌上。再來，即便是受到傷害或缺乏資金，仍要不顧批評聲浪，堅持己見、絕不放棄。第三，你必須抱持謙卑的心，才能聽進去教練或師長的智慧之言，在你已經贏過百分之九十九的人時，他們仍不斷督促你追求更崇高的目標。最後，你要認清自己的方向，打從心裡相信自己、不假外求，這才是最大的關鍵。

我有位同事他在是英國職業足球冠軍隊成員，我最近問他，看見別人穿著他的球衣是什麼感覺？進入球場時聽著現場球迷齊聲吶喊他的名字又是什麼感覺？他充滿智慧地回說，你不能受到外界事物影響；如果你會受影響，當你失誤或射門沒進，全場對你噓聲連連時，你接下來的表現也會受到影響。我也曾犯過不少令我無地自容的失誤，而且還是在許多名聲顯赫的長官面前，但我從來沒有被喝倒采過。你能想像同時間有數萬人在噓你的感覺嗎？他說得一點也沒錯！如果自我價值是建立他人的評價與認可之上，我就永遠不可能撐到自己表現超越他人期待之日。

為你歡呼的那些人，有時候也會成為在你犯錯時落井下石的人，但失誤本就是學習與成長的必經過程。好多次我都必須把賭注押在自己身上，一邊學習一邊自我評量，然後還要自行評估進度。要維持這種冠軍思維並不容易，但我會傾盡全力去做。

我也很想說自己第一次去倫敦參加奧運就做出了許多超棒的商業貢獻，但事實上我經歷了許多慘痛教訓、浪費了大把的時間精力，以及用疲憊痠痛的雙腳，才學到各式各樣的相關知識。當時太多事都不在我的預料之內，當然也不可能做太多準備。我必須說，有些事沒有親身經歷就是不可能學會，唯一的辦法就是勇敢赴任、奮戰到底。

當時我試著用更有生產力的角度去看待自己的挫敗感，然後把在奧運比賽期間的時間花在和主要決策者建立友好關係，同時學著了解並配合相關政策和當地因循守舊的做事方式。我花了好多時間被關在會場門外，但還是找到方法完成任務。我學到最寶貴的經驗是下次就知道必須要求哪些資源來提高工作效率。這些挑戰和我的整個職涯進程異常雷同。

當我們再次前往在俄羅斯和南韓舉辦的奧運活動並進行相關協商工作時，我清楚知道我們需要哪種安全許可證、要提前申請哪些賽事的門票；如果想和世界領袖、知名人物、達官顯貴不經意地巧遇談天的話，哪些地方最適合我們的團隊適時出現。這些完美的成果都是用多年的時間去實驗和打好關係所換來的。

運動家、頂尖執行長以及各行各業的達人，他們的共同點遠大於彼此的差異點。他們全都知道如何按部就班、一絲不苟地掌握自己的力量，方法是承擔精算後的風險、勇敢面對難堪窘境，並貫徹始終地突破自身能力上限。如果你想拿下主導地位、在踏入會議室的那刻就樹立威信，這是必經之道。

創造高效合作力

投資自己的最好方式是想辦法參與跨部門合作專案，就算專案規模小到不能再小也行，因為這是你在組織內學習技能與建立關係的最好時機。我曾經參與了許多看似微不足道的專案，而因此培養出的人際關係在日後為我帶來許多改變職涯的機會。這個模式在我日後的事業發展中不斷地重覆上演。

我在 Google 的第一年很快就發現，如果想在公司把工作做到最好，就必須建立所屬核心團隊以外的人脈網。在我們還沒有像現在一樣有固定使用的程序和系統以前，人際關係是在 Google 把事情做好的關鍵要素，因此我下定決心，務必要參與跨部門專案，好提升自己的人脈網與專案管理技巧。

調度中樞・全盤掌握

梅麗莎和雪柔・桑德伯格在她們還是 Google 高階主管時，決定要主辦首場的「女性在 Google」（Women@Google）演講，後來更成為公司的固定活動。這是她們身為女性主管在公司內外建立領導力的方式，也是她們針對重要議題開啟對話的管道。第一場演講要邀請的嘉賓是珍・芬達（Jane Fonda）和格洛麗亞・斯泰納姆（Gloria Steinem），我馬上舉手自願負責這項任務，雖然我根本不知道該怎麼做，也沒有多餘的時間，但經過幾個月試圖單槍匹馬把工作順利完成，卻不得其門而入後，我知道這是我學著在 Google 把事情做好的大好機會。

在不小心惹毛了不少人後，我才發現早就有一群 Google 人自願組成了「Google 講座」（Talks@Google）基層團隊，而且已經舉辦過好幾場演講，主題包括了作家、名人、科學家。後來他們手把手地帶著我舉辦我的第一場活動，告訴我與外部貴賓、安檢、宣傳、購書以及影音團隊協調時要注意的一切繁瑣事項。

這場講座極為成功，梅麗莎和雪柔也因此成功奠定思想領袖的名聲，而我也順利完成了任務，在公司內部的數個團隊交到朋友，並獲得了一些日後執行大型專案時可以運用的資源。

後來我加入了 Google 講座團隊，成為十位創始元老之一，在接下來待在公司的十二年中都活躍其中。我在這項業餘專案中學到了籌辦大型直播活動的所有面向，而在追求完善每個環節的過程中也犯過無數錯誤。早期演講成功舉行的幾次經驗讓我學會快速調整目標，並在犯下思考邏輯錯誤時記取教訓。

有次我舉辦了一場超受歡迎的演講，主講人是康納・歐布萊恩（Conan O'Brien），當時有超過一千名熱切想聽演講的員工在會場排了數個小時，希望能擠進只有幾百個座位的現場，事後我和內部通訊團隊合作，開發了一套專門用來管理熱門活動的系統，才不會浪費員工價值不菲的寶貴時間。我設計了一套會場座位的事前抽籤系統，然後再和 YouTube 團隊合作，打造出線上串流直播選項，讓沒有抽中座位的人也可以在辦公桌前觀看，而且還可以免費為使用者轉播這些獨家活動。

在接下來的十年間，我為全公司舉辦了各式演講，嘉賓包括巴拉克・歐巴馬（Barack Obama）、蒂娜・費（Tina Fey）、希拉蕊・柯林頓以及史蒂芬・荷伯（Stephen

Colbert）。這成了我在 Google 工作時最愛的福利，也是在公司各處建立起人脈網最有效的辦法。在為自己和公司創造機會的同時，我還能經常接觸全世界最具影響力的大人物，每每為我帶來諸多啟發。

其中一場最令我難忘的活動發生在二〇〇八年的總統大選期間，我們針對主要總統候選人舉辦了一系列的講座，演講結束後就把內容發布到 YouTube 的「Google 講座」頻道，讓美國的選民可以觀看並搜集資訊。候選人歐巴馬、希拉蕊和約翰．馬侃（John McCain）分別在講台上接受艾瑞克的訪問。我事前協同了美國特勤局在園區進行大範圍安檢，超期待自己可以親自為參議員歐巴馬導覽園區，讓他在上台前先熟悉一下我們獨一無二的工作文化。

這些跨部門合作的成果不僅對我個人多有助益，也以意想不到的方式在多年後讓 Google 大獲成功。

巴拉克．歐巴馬當選美國總統後，我們雙方的辦公室開始定期合作與會面。我永遠忘不了那天，艾瑞克和我為了政策會議和關係建立事宜一同造訪白宮，當時離我們第一次在 Google 招待歐巴馬已過了好幾年。

這次經驗就跟在電影裡看到的一樣，我們的車停在安檢站接受搜索，接下來通過白宮外的好幾個檢查站，拿到了依顏色劃分安全層級的安全許可證，最後步行到接待處。

一位女性接待人員坐在白宮西廂辦公室的主要辦公桌前，她是聽障人士，所以有配一位口譯員協助她接電話和接待陸續抵達的高階主管和達官顯貴。我很喜歡看她們一起工作的方式，兩個人配合的天衣無縫。我無法專心，一直在大廳四處張望，不願錯過這個獨特機會的任何細節；當威爾斯親王查爾斯（Charles, Prince of Wales）走出西廂、快步穿過我身旁的大門時，我是最後一個反應過來要起身示敬的人，超丟臉的！接下來就換我們了。

和歐巴馬總統的私人秘書費莉歐・戈瓦希里（Ferial Govashiri）開完會後，她很好心地問我想不想去總統的橢圓形辦公室（Oval Office）看看。當然要！我這輩子都不會忘記進入橢圓形辦公室的感覺，或是地板上那奶油色的厚重地毯。我輕撫過歐巴馬的辦公桌，感受曾在這個房間內寫下的歷史。這張辦公桌是維多利亞女王在一八八〇年送給拉瑟福德・海斯總統（Rutherford B. Hayes）的禮物，之後又經歷過約翰・甘迺迪總統（John F. Kennedy）和吉米・卡特總統（Jimmy Carter）。身為出生在美國空軍基地的美國女性，這一刻對我來說意義重大。

我在橢圓形辦公室的外面和歐巴馬的幕僚一起用午餐，那一刻讓我反思許多看似渺小的事情，只要你願意全力以赴，就有資格和全球的顛覆者與領導者共聚一堂。

太多人為華麗職稱或看似高調的專案所迷惑，反而忘了經營長遠的關係。我有很多朋友在事業上的重大突破，皆是來自於他們十年前一起實習的同事。所以說，你要在關係建立上投注心力，並盡可能擴大自己的人脈網與所會技能。

一旦你牢牢掌握住跨部門技能，接下來只要找機會和高你一、二階的主管合作，執行你們彼此都沒試過的專案，就能快速獲得升遷並與高階主管建立起良好關係，這就是你全盤掌握調度中樞的方式。共同經歷有助於你和主管站上同一陣線，移除本來可能存在於你們各自職責間的阻礙。但別忘了，要時時抱持謙卑、學習和合作的態度，否則你可能在不知不覺間限縮了自己的成長潛力，並使你一心想要贏得敬重的對象變得疏遠。

團結一心．顛覆傳統

二〇一二年，當艾瑞克剛轉任執行董事長，我也剛成為幕僚長時，他想要做一些稍微顛覆傳統的事，所以我把握機會，發起了一項對我們兩個來說都有些陌生的專案，讓我們有機會一起討論構想、腦力激盪。這是難得一見的機會。

艾瑞克想要打造一場截然不同於以往的研討會。在過去二十多年的職涯中，他年復一年都在那些大同小異的研討會中，和「同一群年紀一大把的白人阿伯在那高談闊論著相差無幾的話題」。我們想像中的研討會是來自各行各業的專家和全世界最有影響力的人物齊聚一堂、討論想法，唯一的議程就是讓聰明絕頂的人可以彼此認識，希望在大家建立起友好關係後，自然而然就會帶來足以撼動世界的合作計畫。

後來這場研討會成了年度大事。艾瑞克邀請了五位他最親近的同仁和他一起主持活動與挑選與會者，其中包括了全球來自各領域、影響力最為深遠的頂尖人才，例如記者、作家、國家元首、經濟學家、科學家、攝影師、藝術家、音樂家以及導演等，全都是曾在各自領域獲頒最高榮耀的大人物。

在研討會的專題討論中，我們會討論當前議題、針對全球政策進行辯論，並讓跨領域學科的人才可以認識本來沒有機會認識的新朋友，這才是研討會的終極目標。這些互動往來在未來幾年可能會孕育出許多對全球發展有益的合作計畫。雖然我們花了極大心血才成功舉行這場研討會，但想到能夠因此有機會為全世界帶來更美好的改變，那些無止盡的工作時數和壓力都值回票價了。

為了從零開始規劃規模如此龐大的活動，整個團隊都必須付出難以想像的時間、專案管理技巧以及耐心。第一年辦活動時，我們聘了一位活動協調專員，她曾負責安排艾瑞克過去經常出席的一場外部研討會，艾瑞克很滿意那場研討會的安排，所以我們請她擔任承包商，負責執行艾瑞克的現代版「反轉會議[5]」願景。

我一直很期待和她一起工作，想要借鑑她的經驗，學習舉辦菁英級研討會所需的技巧和領導能力。但天不從人願，她從一開始就不太適應我們團隊的工作文化，導致所有參與專案的人員都倍感壓力與挫折。她所屬的企業文化資訊封閉、階級分明、缺乏互信且不公開透明。Google 講求高度合作、開誠布公地提出想法和建議，而且管理架構十分扁平。

Google 人（我們員工都這麼稱呼自己）會分享一切腦力激盪文件、聯絡人清單以及專案管理追蹤試算表，但這位外包人員拒絕分享任何工作成果，所以我們的工作進度常常出現落差。她希望自己是唯一一位能向艾瑞克提案的人，但這不是艾瑞克的領導風格，更不是我的。她對一切事情都保密到家，因此其他人根本不可能做出什麼有效貢獻，整個團隊經常感到不受尊重且不被重視，且工作上的貢獻也被嚴重低估。

第一場研討會獲得與會人員的巨大迴響，但對於付出那麼多心力的我們來說，卻很難打從心底感到自豪，反而覺得鬆了一口氣，那些壓力和衝突終於結束了。我從這次的經驗中深刻認知到執行團隊專案時千萬不能做的事，以及適應自己所服務的組織文化和價值有多重要。

從那次之後，我們都是由內部來籌備研談會，不再聘請外部協調專員，結果整個規劃的過程和產出的成果跟之前比起來根本是天差地別。顛覆傳統的感覺真的很棒，我們不只舉行了一場無比特殊的活動，在合作模式上也能夠打破常規。

就連本來對第一年活動極為稱道的與會者，也大力讚賞第二年的活動大有進步。我們在工作上反映出對彼此的尊重和重視，並能夠集眾人之力創造更大的價值。就算有無數個夜晚必須工作到半夜、在規劃上不能出絲毫差錯，但我們還是滿心喜悅地投入這項專案。

多數的科技公司之所以能有系統地創新，主因有二：第一，他們的高階主管通常會明確說明公司的使命和願景；第二，他們擁有良好的溝通管道，基層員工的想法可以順暢無礙地傳達給上司。這就是為什麼慣於合作的 Google 團隊會如此抗拒那位承包商的做法。最棒的構想通常來自於新進員工，因為他們能毫無罣礙地看待公司的使命和自己

5.（譯註）反轉會議是一種議程由參與者主導的會議，廣泛應用於各式各樣的集會，不同於傳統研討會的拘謹嚴肅，沒有一成不變的刻板流程或議程，通常是由會眾自行決定講題內容。

的工作交付項目，不會受「過去都是這樣做」的看法所限。全新看待事情的角度可帶來不同於以往的創新解決方案，這是其他經驗老道的團隊成員所不能提供的。

雖然我們的團隊有志一同、好到難以置信，但也不是完全沒有挫敗感或成長的痛苦。一年年過去，我不想要繼續監督無比繁雜的活動物流部分，想要做一些對議程內容有更大貢獻的工作，並想參與賓客名單的篩選。我的第一步是提出潛在的與會嘉賓人選，要能對活動目標有獨特貢獻，且來自更多元的專業背景、年資、性別、宗教或地區。我想為目前的對話和體驗增加更多代表性不足的聲音。此外，我也試著針對需要全球關注的主題提出建議。

雖然這個團隊的成員一直很尊敬我，但我覺得部分規劃小組的隊友刻意在阻撓我，因為他們想要保有這項決定權，只找在自己聯絡人清單上的人，這讓我感到非常失望。但我一直是站在團隊合作的立場，所以也沒把這些輕慢行為放在心上。我年復一年地試著提供不同的議程和獨特聲音，努力為研討會的使命盡一份心力，卻覺得好像沒有帶來任何有意義的改變。我認為第一年的工作文化遺毒太深，不管我怎麼努力都無力回天。

我在 Google 難得有這樣的感受，而且直到現在我仍覺得那次經歷是我的一大敗筆。我協助舉辦這項活動七年，只有三位我提出的建議人選獲邀，然後沒有任何一項議程主題受到採納。也就是說，我沒辦法有效達成個人目標，讓出席者背景或專題討論主題更加多元，可這卻是此研討會的初衷。我們變得太像當初想要取代的那些研討會，永遠都是「同一群年紀一大把的白人阿伯」在那高談闊論。這是我第一次覺察到，我的下一個成長階段必須離開 Google，接下來我又花了五年的時間才真正跨出那步。

即便公司內部有難以撼動的合作文化，難免還是會有撞牆期。領導者和核心貢獻者必須不斷地反思現有的實務做法、政策和慣例，才能確保自己舉手投足都是在為組織栽培、鼓勵和養成後起之秀。

第六章

高投報夢想衝刺計畫

你可以透過什麼方法來跨出固有的工作範圍，參與跨領域合作的新專案？你可以想出什麼雙贏方式，在減輕團隊或主管工作負擔的同時，又能為自己爭取到發展新技能或以全新方式帶領專案的機會？你要如何讓自己變得十項全能，即便在學習過程中犯錯也擁有不受動搖的冠軍心態？如果你想在日後成為調度中樞的關鍵人物，你有辦法習得相關的關鍵技巧或專業知識嗎？你可以發揮創意、顛覆傳統，改善任何效率不彰的環節嗎？

尋求良機：你有哪些機會可以提升自己在公司或業界的影響力？你要如何和不同職級的人合作，且同時為彼此帶來助益？

思索對策：如果你想加入跨部門專案，這週你可以和哪些利害關係人聊聊？

採取行動：和主管一同擬定記錄在案的成長計畫，讓你得以接觸新團隊、專案、技巧和專業知識。這麼做可以使你的職涯更上一層樓並獲得關注。

第七章：承擔精算後的風險

二〇〇〇年初我在亞馬遜替傑夫．貝佐斯工作，他當時不只正在創立電子商務的黃金準則，更全心投入打造火箭的志業，這是我第一次親眼見識到放膽冒險是多麼強大的力量。然而，直到在Google工作後，我才真正體會到什麼是登月願景：過去十多年，我每週都會有一天的時間和Google X團隊坐在一起，看著他們天馬行空地發想推動人類未來前進的科技。

「X」座落在一棟幾十年前曾是購物中心的建築內，前稱是「Google X」。這裡的辦公室空間不像Google在全球其他地方的辦公室，有著色彩鮮豔的招牌外牆和專家設計的室內裝潢，因為塞吉．布林吩咐設計團隊保持建築原本的樣貌和戰略功用。建築內部沒有太多牆壁，而且大部分的結構是裸露的鋼筋水泥柱，原本的工程噴漆標記都保留了下來，還有光纖電纜從天花板垂墜下來，十分酷炫又充滿活力，就像機庫一樣。線路、實物模型及零件散落在地上，一旁還有實際大小的汽車模型、雷射切割器、攝影機、氣象探測氣球，而放眼望去全是各式各樣無法辨認的奇妙新玩意。樓梯沿著建築中央的開放天井盤旋而上，通往每位瘋狂科學家的辦公空間，跟蘇斯博士的黑白繪本如出一轍。整棟建築充滿顯而易見的充沛動能。

高階領導策略團隊會議從 Google 的主要園區移地至這裡，有點像是換個環境、換個心情，讓高階管理人員可以接觸如白板般的環境，做好創新思考的準備。我和其他高級副總裁的直屬員工就待在會議室外面的開闊空間，那裡有許多高腳桌，我們就把它們當成站立式辦公桌使用。這些桌子就像是蜂窩，我們整天擠在一起，相互交換想法、交流近況、進行規劃以及協同合作。這種步調和環境上的改變讓生產力大大提高，後來連每季的董事會議都是在這舉行。這就是我們試著保持創新、創意並打破常規的方式，就算要推翻的是我們自己建立起的最佳實務也在所不惜。

我在工作上遇到許多人都是勇於接受並尋求產業革新的人才，而我也從他們身上學到如何承受壓力，在每天充滿不確定性的情況下，試著憑空想出尚未存在的事物，而且還必須經常面對失敗，並從中摸索出接下來該怎麼做。

事實上，「X」就是憑藉著這種獨特條件，才得以發明出足以改變世界的技術，像是無人駕駛車，而這套公式也適用於個人生活和事業抱負。美國民權運動領袖麥爾坎X（Malcolm X）說過一句名言：「未來是屬於在今天就做好準備的人。」雖然他指的是一九六二年美國當時的民權運動，但這個原則一體適用。如果我們希望擁有充滿不凡機會的未來，就必須趁早採取行動，而不是選擇輕鬆的道路。如果沒有當機立斷、及早採取行動，通常就無法迎來日後的大好機會。

我很早就明白，要實現抱負就不能被動等待機會；想在未來的決策桌上爭取一席之地，就必須從現在開始打好基礎、習得足夠經驗，屆時才有資格做出貢獻。而在取得資格的過程中，無可避免地一定會遭遇失敗。

在亞馬遜和 Google 工作近二十載的時間，我再三印證了以下理論：想為未來尋覓登月機會，你必須具備三大關鍵要素：

- 隨時隨地保持好學的心
- 放膽追求緊張刺激的挑戰
- 及早鎖定目標放手一搏

預測未來成功的最大因素端看一個人是否願意學習、嘗試、失敗然後再試一次，直到能夠不出所料地創造出自己想要效果為止。挑戰自己學習並精通新技能不僅本身就是最好的報酬，還能讓自己有資格去得到更高的成就。

我的事業哲學向來是「工作必須有來有往」，我的付出應該得到對等的回報，這是非常高的標準！我付出的時間、努力以及承擔的風險，最好的回報就是獲得知識、技能、成長以及職涯進展。秘訣在於我能夠主動要求這些回報做為交換，順其自然或被動等待是行不通的。想學什麼、想成為什麼樣的人以及要如何做到，全都操之在我。

隨時隨地保持好學的心

傑夫能成為當今史上最為成功的執行長並非意外巧合。沒錯，他確實擁有與生俱來的驚人天賦、才智和動力，但栽培這些能力的方法才是他脫穎而出的關鍵。我在亞馬遜工作的時候，每季都會為傑夫安排長達一週的思考度假週（thinking retreat）。這是他長久以來的固定習慣，在我還沒到職前就是如此。他會在附近地區找一間飯店自己待著，遠離日常行程、員工和家人。一開始的頭幾天他完全不接觸任何外在影響，包括新聞、書籍、電視或其他人。

傑夫跟我說，他必須刻意留一段時間淨空思緒中的糾結與雜念，才能為創新點子騰出空間。無聊是創意發想過程中不可少的一環，所以他在度假時只帶一本空白筆記本和一支筆。該週的最後幾天他會在筆記本上寫下他想到的任何主意，不做任何修編。下週回到辦公室時，他會帶著那本筆記本，上頭寫滿可能顛覆業界的想法和策略，而我們負責在接下來的那季努力將之化為實際行動。

神奇的是，傑夫經常選在公司最為關鍵的成長時刻跑去度假；如果換成其他人，可能忍不住會想花更多時間待在辦公室和會議室。傑夫很清楚自己最大的資產就是他的頭腦，所以他必須營造出一個能夠讓他完全發揮自己內在力量和獨創性的空間。當他回到辦公室時，生產力會達到前所未有的高度，而做出的貢獻遠高於他不在辦公室的時間。

即便時至今日，近二十年過去了，每當我看見亞馬遜發布的產品構想是來自於好多年前的那些思考度假週，我還是忍不住會心一笑。

我在職涯中的不同階段也都曾執行過專屬於我的思考度假週。在剛開始工作的那幾年，公司不可能每季都給我一週的時間什麼都不做，只負責專心思考。老實說在剛開始上班的時候，我連好好吃頓午飯的時間都沒有，但那是短視近利的錯誤決定。有天我終於明白，好好照顧自己、在工作和生活間取得平衡，才是確保自己維持在最佳狀態的最好辦法。

在梅麗莎手下工作時，我們每週平均的工作時數是一百到一百三十小時，她常說要「找到自己的節奏」，這是我在她身上學到的其中一門重要技能。她會主動詢問下屬需要什麼，才不會因為如此吃力的工作量而心懷怨恨。舉例來說，梅麗莎的一位下屬是有三個幼兒的媽媽，她很願意接手一項位於班加羅爾的專案，雖然必須固定在凌晨二點開視訊會議，但她就可以好好陪孩子吃晚餐並送他們上床睡覺。她很重視「兼顧」母職與事業這件事，不僅能夠陪伴孩子，還可以負責公司最具策略成長意義的專案，這就是專屬於她的節奏。一旦梅麗莎知道每位隊友最為重視的事，並想辦法讓他們不用擔心工作以外的事，她便成了那時我們最好的守護者。雖然算不上在工作和生活間取得平衡，但至少找到自己的節奏讓我們可以在這場艱難的持久戰中心滿意足地齊步邁進。

有了她的首肯，我為自己建立了一套儀式，讓我得以抱持希望並發展出足夠的抗壓韌性，好維持如此高強度的工作步調。這是我第一次把照顧自己放在工作前面，堅持每天早上都要留一小時的時間讓我運動。我必須保持運動的習慣，才能讓腦中最具創意和問題解決的部位發揮最大效用。工作一陣子後我當上了主管，開始限制自己的工作時間，為的是讓自己好好放鬆，並堅持手下的團隊成員也必須如此。我甚至設定了團隊OKR，每個人都必須培養一個工作以外的興趣，創造出專屬於自己的節奏、為自己好好充電。

現在我自己也是創業家了，在運用時間上有更大自由，所以除了每天早上固定的例行運動，我會留了一小時做為靈感自由發想時間，利用這個空檔閱讀文章、書籍或收聽播客，然後再花一小時的時間記下自己的思緒、想法，以及我想為自己公司或客戶公司執行的系統。每天早上的儀式讓我得以用開闊的心態展開每一天，然後發想出更為創新的問題解決方法。這項日復一日、從不間斷的自我投資改變了整個戰局。

學習心態．保持多變

即使我在亞馬遜的那些年從未聽任何人談過心態這件事，但傑夫的存在每天都在告訴我，擁有使命感、了解自己的思維、確保思緒沒有僵化有多重要，這是標準的身教重於言教。幾年後行為心理學教授卡蘿．德威克（Carol Dweck）出版了《心態致勝：全新成功心理學》（*Mindset: The New Psychology of Success*）一書，讓我得以透過全新架構去解讀當初我見證到的一切，這才真的明白傑夫是如何用他足以震動世界的獨特方法來面對人生和事業。我從他每天所做的決策和行為模式中所觀察到的雛型，讓我在有限的天賦下，也漸漸地能夠用冒險家的思維和方法去開拓自己的人生與事業。

在亞馬遜替傑夫工作是我大學畢業後的第一份工作，所以剛到職時我還是有著根深蒂固的績效導向心態：我的目標和動機都是奠基在期望表現完美之上（就像在學校考試要拿滿分一樣），為的是獲得讚美、贏過我的同仁，進而激勵自己表現得更好。但我從傑夫和亞馬遜的同事身上發現，這種心態十分陜隘。雖然績效導向心態在設定目標和追蹤成長進度時有其效用，但也因此讓我擔心無法表現完美而拒絕冒險。

我發現如果僅因為怕表現不好而拒絕接下新專案，我會錯過在亞馬遜這類公司工作的諸多樂趣，更無法替自己開發新技能和精進尚未純熟的現有技能。更何況我已置身在現代電子商務發展初期的出發點了，如果因此無法享受這趟瘋狂之旅豈不可惜。

我必須承認，直到現在我還是忍不住還是會有績效導向心態。身為一個完美主義者，我最大的恐懼就是被尊崇的對象看見自己的無知。工作了這麼多年，我已經清楚知道，根本沒必要介意身邊所有人怎麼看我，只有我自己和少數利害關係人的意見才是重點，其他聲音都不重要。

傑夫是學習導向心態最好的典範。「好奇求知」正好是亞馬遜的十四項領導力原則之一，也是評估員工的標準。傑夫把握一切機會，從每項任務和周遭的人身上盡可能地汲取知識。每次開會時，他都會要求事先提供詳盡的議程內容以及相關書面報告，包括會議主題和行動方針相關研究建議，所有與會人員在會議一開始時都必須先默讀一遍。PowerPoint 是嚴格禁止的。這些書面報告必須提供足夠的數據才能說服傑夫做出決策，為的是不受簡報者的個人魅力所影響，一切由客觀事實和現場辯論說話。此外，撰寫一份長達六頁的備忘錄（這也是後來許可的最高頁數）比製作一份二十頁的 PowerPoint 簡報要難上許多，因為你必須對相關議題有更深入的了解，且論點必須更加紮實。禁止使用 PowerPoint 是 Google 和其他科技公司的慣例，其根據亦是如此。

上述的準備程序可以確保所有參與會議的主管都能拿到所需的客觀事實，以利做出資訊充份的決策並採取經過深思的冒險行動。我們跟傑夫的高級副總裁一樣，在團隊會議中向傑夫提案時也採取這個做法。每次向他提出問題，我們都會附上一份鉅細靡遺、經過研究的行動方針提案，好進行討論和取得批准。我們從來不會只向傑夫提出一堆問題，而是把重點放在探索與提出解決方案。

我發覺做好功課、提出意見並讓自己被聽見的好處遠大於害怕犯錯。我耗費了數個月的時間才克服遲疑不決的心情，不再害怕於每日團隊會議中向傑夫提出錯誤的建議。我的恐懼並非毫無根據的，如果傑夫認為你沒有想清楚或把事情做好，他可不會留任何情面；如果你不夠堅強，他的評論真的會讓你體無完膚。你必須很快練出一身銅牆鐵壁，才能維持和他工作的效率，不會被他的挑戰瓦解自信。這些批評不管聽起來有多傷人，最終會讓你成為更好的思考家。

所知所學．派上用場

在職涯起步之時，光是自動自發做好功課是不夠的，我必須採取行動，將我在學習和做研究時學到的知識實際派上用場才行。回顧過去，我現在明白自己在亞馬遜的成長幾乎都是源自於我自願去做工作範疇以外的事。舉個例子，有次傑夫要和芭黎絲．希爾頓（Paris Hilton）一同參加亞馬遜珠寶商店的上市活動，我負責協助相關物流工作。當時芭黎絲．希爾頓的名氣盛極一時，並推出了自己的珠寶品牌。我也曾短暫參與亞馬遜運動用品頁面的上市活動，包括了協同網球選手安娜．庫妮可娃（Anna Kournikova）參加在紐約大中央總站舉行的媒體活動。她當時剛為一件運動內衣代言，廣告文宣令人臉紅心跳：「該彈跳的球只有一顆」(only the ball should bounce)。

當然不會有人記得我在早期上市活動的貢獻，因為我自願負責的都是不為人所見的細小環節，對我來說卻是十分寶貴的經驗，能夠見識如何規劃全球活動、如何進行跨部門專案協調、營運流程要如何安排才有利於拓展全球業務，以及我們在執行長辦公室完成的那些工作是如何直接影響到我們能為客戶提供的服務。

因為明白這些因果關係，所以我更熱衷於以資淺員工和團隊成員的身分更深入地參與公司活動。沒錯，有時候因此必須一天工作十八小時、壓力爆表，但看見自己學到了多少在其他情況下不可能碰到的知識，我覺得一切都值得了。如果我不夠積極主動，安逸地固守著自己的工作範圍，就可能錯失這些千載難逢的機會。

因此，我決定把冒險犯難當成工作模式。我從加入 Google 的那一刻起就不斷地重覆這個模式，在職務所及範圍以外為自己開創更大的可能。如果沒有這麼做，我是不可能在全球產品發表活動中發揮影響力。

我必須學著不要害怕，其他人剛聽到我的想法時可能會一頭霧水、沉默以對，這是很常見的情況。我發現必須由我決定別人該如何看我，特別是我還是職場菜鳥的時候。這個過程最困難的部分是需要長期投入時間和精力，而隨時保持勇氣十足是很不容易的事。但隨著時間過去，隊友看見我一直在貢獻價值，沒多久他們就從不得不忍受我的意見，轉變成向我主動尋求協助。最困難的是要想辦法改變別人的看法，讓大家知道我的附加價值，而這是條漫漫長路。我很早就知道自己想成為思想領袖，要充滿創意、大膽無懼、足智多謀，就算是會議室中最菜的菜鳥也毫不退縮。

我後來發現，如果你一直是會議室中最聰明的人，那你就待錯地方了！你在那不會有任何成長空間！這時你必須鼓起勇氣離開那裡，往更重要的決策桌前進。

我已學會勇於接受會讓我坐立不安的任何邀請，想盡辦法把握機會開拓視野。我很習慣和各式各樣的全球專業人士共處一室，包括諾貝爾獎得獎科學家、國家元首以及知名人士。和艾瑞克一起工作了十年，我看見他如何不斷地在每場對話中抱持著無窮無盡的好奇心、尊敬和謙遜。我下定決心要和他一樣，才能發揮自己的最大潛能。

艾瑞克在他 Google 的辦公桌上放了一個銘牌，上頭寫著「有任何一絲可能就要說好」，而他每天都在盡全力體現這句話。這句座右銘不是要你拼了命地工作，而是要把學習體驗放在最高順位，甚至要放在舒適圈之上。只要能接觸新觀點，艾瑞克願意做出任何嘗試、去遍任何地方、和任何人對話。在決策過程中，他堅決不受任何困窘不安的情況所動搖。因此我自行決定這個座右銘就是叫我要跟隨他的腳步。

艾瑞克持續在找方法學習與提升，像是嘗試自己從未試過的事，也一直在追尋新的冒險旅程。不過這是他行之有年的做法了，所以要找出他還沒有做過的事並不容易。其中一個最好的例子是，早在成為 Google 執行長前，艾瑞克就知道自己身為高階主管勢必會有很長的時間在飛機上生活，所以他想既然都要把時間耗在噴射機上了，不如好好體驗最好玩的部分：親自駕駛。所以他開始進修並完成了駕駛員訓練，然後再一步步成為不同機種的合格飛機駕駛員。

現在只要必須飛去工作，他幾乎都是駕駛自己的私人噴射機，不然至少是由他起降，好保持自己的飛行技巧。每次要去參加某場艱難的談判會議時，我們會一起開車去機場、登上飛機，然後他向左轉在駕駛艙坐下，準備帶我們飛往下一個國家，我則是向右轉，為落地時的下場會議做準備，這個畫面不管看幾次我還是會覺得很超神奇。艾瑞克飛到一半會來走回機艙和我一起檢視簡報文件，快到目的地時再回駕駛艙準備降落。

直到有天駕駛噴射機對艾瑞克來說不夠具有挑戰性了，他決定也要去學飛直升機，但經過傑夫．貝佐斯的糟糕直升機體驗，這就踩到了我的底線！我表明立場，如果他要自己駕駛直升機的話，我就要辭職，但他認定我在虛張聲勢，所以還是這麼做了。每當他在進行直升機訓練或參加另一項資格考時，我整天都會神經緊繃。當他第一次開直升機載我時，從曼哈頓到泰特伯勒機場（Teterboro Airport）不過短短七分鐘的航程，我確定我絕對在直升機座椅的扶手上留下了指甲抓痕。

實際運用．發揮所學

二〇一三年，就在艾瑞克成為合格直升機駕駛員一年後，我們的團隊展開了一趟旅程，要和六個非洲國家的元首會面，與他們一同探討要如何協助他們受惠於線上全球經濟。我們稱這項計畫為「下一個十億用戶」（The Next Billion Users，NBU）。

我們預計在第三世界國家將有約十億人口第一次接觸網路，而我們希望 Google 在打造產品時務必將這些社群需求放在心上。幾乎所有網際網路的新使用者都是透過行動裝置上網，從未接觸過桌機或筆電，但透過手機存取科技並非長遠之道。後來設計的行動應用程式需要更高的頻寬，舊有的系統會無法負載，因此這些使用者遲早需要更加先進的網際網路存取工具。

我們想要鼓勵這些開發中國家的領袖投入資源，打造必要的實體基礎建設，為人民創造全新的線上經濟。我們建議他們在安裝水管、下水道和電纜線時，順便安裝光纖電纜，就能提供更好的無線網路存取訊號。這麼做不僅能增加 Google 的網際網路使用者，還可以讓民眾有全新管道去存取資訊、接受教育以及參與數位經濟。

Google 在肯亞首都奈羅比設有辦公室，當時約有二十位員工在那工作。我們決定從 Google 辦公室展開這項計畫，認識辦公室的員工，聽聽他們面對到的獨特挑戰、專案和目標。根據這些資訊，我們來到一間當地大學，和他們宣傳未來的創業前景，以及 Google 在肯亞為新創公司提供支援所做的準備工作。

學習和體驗是此次拜訪行程的焦點。我不希望整趟行程感覺像是走馬看花、做做樣子而已，所以我知道自己必須走出舒適圈，開始問問題、提供觀察意見並發起尖銳的對話，才有機會真正做出改變。起初我感到坐立難安，因為我想要展現對他們的尊重，但對該如何解決這些開發中國家的複雜議題，又毫無頭緒。在會議開始的頭五分鐘，我必須逼自己開口才能克服恐懼，但只要我張口說話後，在場所有人都明顯放鬆了不少。原本大家感覺是在和全世界首屈一指的鉅富權貴開會，也就是艾瑞克，但我的聲音改變了會議的氣氛，變成同儕間的對話、試著想要把事情做好。結果我身為現場較為資淺的人員，反成了優勢而不是弱點。

我們從這些互動中獲得的觀點改變了我們在接下來幾年面對全球事業的做法。在非洲時，我們想要了解偏遠鄉村是如何使用行動科技，所以我們造訪了鄰近馬賽馬拉(Maasai Mara)的社區。由於艾瑞克會開直升機，所以我們才得以前往那個村落，降落在村民自建的土坯屋和羊群之間。為了歡迎我們的到來，村民為我們做了許多串珠項鍊，甚至還因此宰殺並烹煮了一隻山羊。村民看到我和現場男性一同談話，甚至在宰殺山羊時沒離開，感到震驚不已，因為女性通常不被允許這麼做。我太習慣自己是現場的唯一女性，壓根沒有注意到其他人已經自動分成兩組了。

這是我們第一次拜訪非洲的偏遠鄉村，親眼見識他們如何將現代科技巧妙融合在古老習俗中。在肯亞、盧安達、南蘇丹、查德、象牙海岸共和國和奈及利亞一個個的偏遠村落中，我們看見村民共用一支手機，用來觀看天氣資訊，好決定收割的時機；因為離醫生太遠，只好查看醫療資訊自救；或是搜尋教育工具來教導年輕學生，特別是無法去學校上學的女孩。他們足智多謀、創意無限、臨機應變以及與生俱來的創業精神，為我留下了極為深刻的印象。

自從那趟行程結束後，每當我覺得事業停滯不前時便捫心自問，我花了多少時間待在舒適圈？我是否只待在自己已經樹立威信的場合？接下來我會檢視自己的行程表和任務清單，然後仔細地權衡輕重。我發現如果我有超過百分之八十的時間在處理我稱得上是專家的任務，而且我相信自己知道正確答案，那便是時候要提高遊戲規格了。我必須接受下一個挑戰，才能再次體驗到那種緊張刺激感。

放膽追求緊張刺激的挑戰

我曾待在好幾位史上難得一見的偉大領袖身邊，我向你們保證，在他們剛起步的那些年，如果仔細追溯起來，你會發現他們的成功之路並不如我們所想的順遂。不過他們都有一個共通點，就是致力於保持好學的心。

每天早上我都會走過「大樓 42」（Building 42）的大廳，兩旁展示著佩吉和布林一九九六年在史丹佛大學宿舍打造的第一個伺服器，伴隨著我前往二樓長字輩的辦公室。每次帶貴賓參觀園區時，這裡一定是第一站，讓他們見識 Google 的誕生之處。這些珍貴的伺服器仍裝在原本用樂高組成的機殼當中，並以老舊的厚紙板來絕緣，每天提醒著我，他們光憑兩人之力，勇敢地展開旅程、放手一搏，進而改變了整個世界。我們必須保有讀研究所時的好學心態，週而復始地提問、學習、調整目標並透過行動締造成果。

顛覆傳統．打破常規

二〇〇四年，就在我加入Google前二年，賴利寫了那封著名的創辦人首次公開發行信：「Google股東使用手冊」。身為員工，信裡的第一句話在我剛開始工作的那幾年，不費吹灰之力就烙印在我的腦海裡，因為我們每天在工作上都會複誦這句話：「Google不是傳統公司，我們也不打算成為那種公司。」每次閱讀那封信我都會感到情緒激昂，因為每位員工剛開始在這裡工作的那幾年，每天都會體現這項使命宣言；而我即便在多年後離開Google展開自己的冒險旅程，仍然致力於實踐這句座右銘。

Google創辦人早有先見之明，主動教育大眾對公司應有的期待是必不可少的動作，這也是為什麼他們能夠吸引正確的投資人，支持他們踏上不同凡響的冒險旅程。

工作上我一直秉持著一個原則，如賴利在信中所述：「盡全力地開發出足以大幅改變最多群眾生活的服務。」當我在Google工作時，每天都別具意義。我經手的每項專案都有機會讓這世界成為更好的地方，就跟信裡的承諾一模一樣。這種責任感和可能性促使每位員工投入全副身心並充滿動力，不論職位高低。

針對這種受熱情驅使的冒險情緒，賴利用了一個超妙的詞來形容：「興奮到不安」

（uncomfortably excited）。這個工作哲學從此成了我在職涯和人生各個階段的指導方針。剛進入 Google 的那幾年，我待在產品團隊工作，正是這個哲學協助我成功地不斷調整公司的優先目標。我們會全心全意地投入一項產品，傾盡全力舉辦一場完美的發布活動，即便深知之後這一切可能要一筆勾消，然後把資源和心力重新注入更新一代的產品和構想。這趟如雲霄飛車般的旅程教會我享受一切，不管你是身在高處還是低點。

如果你希望自己在公司的成就獲得認可，並讓主管認為你是值得舉薦和投資的人選，關鍵在於建立良好的成長追蹤記錄。由於成長通常來自於舒適圈之外，因此我會定期尋求能夠讓我突破現有能力的專案。如此一來，只要我能夠把目光放在對我別具意義的終極目標，即便是難以忍受的瑣事也可以變成熱血沸騰的期待。

在 Google 的第二年，我決定全心擁抱這個 Google 哲學，提出完全不在我舒適圈內的提案，但我有預感這麼做可以提升團隊效率並帶來自我成長。梅麗莎在產品團隊下分設了消費者產品團隊，而我發現因為我們的工作步調飛快，隊上的多數提案在管理鏈中都只向下滲透一、二層，團隊中較低層級的成員根本沒機會參與整個過程，因此也不可能有效地挺身而出。

有鑑於此，我提出了一項建議，當梅麗莎在和她的直屬員工進行每週團隊會議時，同時間由我負責和所有其他特助開會，討論這些提案對他們的團隊有何影響，以及要如何執行這些提案。我是經過審慎評估才冒險替自己攬下這份工作，雖然從未做過類似工作，但只能相信自己夠聰明，可以想出來辦法來執行相關策略，擬定有效議程，然後創造出能夠替大家省時省力的做法，才不會在我們早就爆表的工作量上又多加了一個官僚步驟。

一開始我毫無效率可言，而我必須想辦法獲得同事的尊敬，向他們證明我是為了幫助他們在工作上更有成效、替他們發聲，而不是要替主管評斷或監視他們。我花了整整六個月的時間嘗試各種會議形式、一步步建立起信任關係，並學著如何將團隊策略細分成個別貢獻者可以處理的任務。經過了數十年，我至今仍每天運用同樣的技巧來幫助我顧問公司的客戶。

雖然我花了好幾個月的時間才找出完美的會議形式，但開會過程讓我得以獲得第一手資訊，告訴我哪些事情進行順利，又有哪些團隊正面臨困境，需要額外指點或資源。如此一來，我成了消費者產品團隊最為有效且寶貴的資產，因為我可以提供資訊充分的建議，協助事情往好的方向發展。在我的刻意安排下，我成功化被動為主動，磨練自己在策略擬定方面的專業技能，並讓自己有機會被他人視為領導者與可靠資源。

隨時隨地・領導團隊

這種化被動為主動的做法讓我得以和梅麗莎建立起如合作夥伴般的關係，由她負責決定往前衝的方向，而我負責殿後，安排推動策略的執行面，大大提高了團隊的效率，以及我們在工作與生活上的幸福感。接下來我還在會議議程中加入了培訓活動，為的是照顧到隊上菜鳥的需求。這不是什麼令人心生嚮往的任務，團隊的老鳥其實根本不太會注意到我的付出，但我知道這是達成團隊目標的關鍵要素，而我也願意為了團隊的成功接下這些瑣碎工作。

我們的團隊擴編速度飛快，手上有一個接一個的產品上市週期在跑，且每個週期的時限愈壓愈緊，因此我安排的這些會議通常可以讓我們趁早且及時地調整方向，使大家保持步調一致。此外，我也因此找到機會接下更多專案管理工作，不僅強度更高、更具挑戰性且對公司來說至關緊要，還有助於提升我的技巧與職責範圍，進而帶給我個人更多回報。

自從我自願接手這些工作，協助主管在團隊中推動策略；由於隊上資歷較淺的成員比較沒機會見到梅麗莎，因此每次開會時我就搖身一變成為他們眼中的專家。而我居然因此獲邀加入產品團隊的校準委員會，該委員會負責每六個月評估一次團隊成員的績效、升遷以及紅利，這完全不在我的預期之內。能和高階主管一起參與這些決策過程，我深感榮幸。而我受邀的原因是我具備主管所需的專業知識和獨特觀點，能夠協助他們更有效地運用手中資源來獎勵與支持我們不斷擴編的團隊。

把自己放在全新的鎂光燈下肯定有其風險，或是會受到公開地評論、批評和檢視，但待在自己的小圈圈裡也不是絕對安全的，因此我決定積極冒險、試著解決問題，寧願一開始挫敗連連，也不要毫無作為，眼睜睜看著團隊一敗塗地。

找出團隊需求、主動創造解決方案，然後積極進攻、不被動等待邀請，這些技巧是你打破職位限制，獲得更多領導權的方式。只要你願意在工作上讓自己興奮到不安，勇氣和晉升自然會隨之而來。

及早鎖定目標放手一搏

我在亞馬遜的個人辦公桌有天可能會成為博物館的展示品。早在二〇〇二年我還坐在那工作時，那張桌子就是經典的象徵，現在對亞馬遜來說應該更是如此。

當時傑夫在華盛頓貝爾維尤（Bellevue）租了間房子，然後在車庫創立了亞馬遜，但他最終受夠了跪在硬梆梆的地板上打包紙箱，拼命想完成客戶的每張訂單。一開始他想說是不是要買護膝，但後來他發現自己真正需要的是一張包裝用的桌子，所以他去了對街的「家得寶」（Home Depot）要買桌子，但發現都太貴了，只好買了塊正在特價的木板門，然後回家加工成好幾張桌子，用來打包要出貨的訂單。我在亞馬遜的辦公桌就是幾年前傑夫在車庫創業時，親手做的三個門板桌之一。這張桌子的存在提醒著我們，堅忍不拔、犧牲奉獻以及常保謙卑是傑夫實現遠大抱負的要素。

這些門板桌象徵著公司的核心價值：「勤儉節約」，這同時也是亞馬遜官方的十四項領導原則之一。和各位分享一件趣事，亞馬遜員工如果在年度全員大會上提出最為創新的構想，傑夫會親手做一個迷你版的桌子模型送給這些員工做為獎勵，也就是著名的「門板桌獎」（Door Desk Award）。

資源有限・妥善分配

相較於「門板桌獎」，我更想要拿到「做就對了獎」(Just Do It Award)，部分原因是我已經天天都在那張原版桌子上工作了。我從未拿下自己想要的那個獎，但我敢說我已拼命爭取過了。「做就對了獎」是命名自 Nike 的知名標語，只要員工能夠實際應用公司的十四項領導原則，沒有浪費時間等待主管許可，就能獲得獎勵。他們認為對的事就是要去做！

我在亞馬遜工作的期間，「做就對了獎」曾頒發給一位在履行中心工作的女性員工。她在包裝紙箱時發現，休息室整排的販賣機一直發出刺眼的閃光，她覺得這樣很浪費能源，所以就直接把手伸進去關掉至少一半的燈泡。後來為亞馬遜省了一大筆電費，也因此受到管理部門的注意。

我試著向她看齊，就算身為公司最菜的員工，也要盡可能地體現公司價值。我記得當亞馬遜打算在網站上推出美妝產品類別，我們想要盡可能地節省資源，所以沒有外聘傳統代理機構或付錢請專業模特兒，而是決定請員工擔任模特兒，為的是忠實反映公司的核心價值。我協助美妝產品上市團隊進行招募與規劃工作，邀請形形色色、多元多樣的員工來擔任這次上市活動的形象代表。當我發現辦公室有位負責拆信的工讀女孩獲選為上市活動的主要形象代表時，我超興奮的。這個做法不僅為公司省下了大筆經費，還能讓大家看見公司客戶的多元性。

我在亞馬遜工作的那幾年，整間公司仍在一片混亂之中，而且公司的存亡完全取決於員工是否有足夠決心揮灑創意、臨機應變，我十分慶幸自己能夠參與其中。亞馬遜之所以能在數十年後稱霸全球，很大一部分要歸功於貝佐斯奉為圭臬的「第一天」思維，深植在全公司上下：把每天都當成在公司上班的第一天，也就是說成功不是必然的。

我們現在一直認為亞馬遜的成功是注定的，怎麼可能不成功？但以當時的情況來看，事實並非如此。公司草創之初的那些年，亞馬遜光是在首次公開發行（initial public offering，IPO）的籌備階段和上市後的那段時期，就經常受到眾人質疑、媒體頭條報導充滿批判，有時甚至會有人公開嘲笑我們。傑夫常說：「創業家必須接受長時間遭到眾人誤解。」許多人沒有膽量承受別人的誤解，太快就放棄或是連試都不想試。

為了每天警惕自己，傑夫不只是坐在他自己做的門板桌前辦公，更將他在西雅圖的新辦公室命名為「第一天」（Day1）。

雖然實現我們的個人目標可能不會像傑夫一樣成為世界首富，但我們還是可以遵循他的行為模式，憑藉自己的能力創造前所未有的成功。

積極進取．主動學習

雖然傑夫打造出的帝國舉世無雙，但我們還是有無限的機會在「平凡」的生活與目標中應用這些領導原則。我必須允許自己花一切必要的時間去探索有哪些專案能讓我熱血沸騰，逼迫自己放手一搏、勇敢踏出舒適圈。

我認識的每一位具有真正影響力的人，他們都明白這些瑣碎任務的真正價值，有天將成為最好的催化劑，創造出無可比擬的空前成就。要實現夢想，就必須足夠謙遜，就算要放低身段也甘之如飴。許多人受到舒適圈內的平庸成就所吸引，因此錯失了探知自身極限的機會，以及有所突破的興奮和喜悅。

即便我已經當了那麼多年的學徒，對我來說想辦法將這些絕佳領導經驗應用在自己的新創公司上，遠比我預期的還難。當我鼓起勇氣、離開矽谷並站上自己的舞台時，我肯定沒有一舉成名，實際情況恰恰相反。頭幾年我陷在無止盡的擔憂當中，除了擔心公司能否生存下來，但更慘的是我會不會很快在業界消聲匿跡。在褪下 Google 和亞馬遜的光環後，我覺得自己好像變得渺小無比且無人重視。但我沒有屈服在嚇人的恐懼下，反而決定要加倍賭注，把自己在職涯中學到的一切再次應用在自家公司上。我必須採取不同的做法，從被動反應、自視甚微，轉變成積極進取、主動學習，而且要毫無懼意地和我的雄心壯志一同成長。

沒多久我就發現，那些來找我提供意見的客戶都是執行長，如果我想成為不可或缺的顧問，就必須重拾做好業界功課的習慣，並好好磨練相關實務和專業知識。我必須把工作當成商學院再讀一遍。

我開始重新排定優先要務，找出自己想和客戶討論的主題，然後把上午的時間用在盡可能地閱讀大量的書籍文章。不管我在為哪個產業的客戶提供服務，我發現自己又開始在研究各式各樣的陌生名詞和費解術語，就跟以前一樣。我狼吞虎嚥地閱讀各種學術期刊、個案研究以及文章，為的是挑戰自己的思維模式，以及學習我從未嘗試過的商業實務和模式。

如果想要把自己的矽谷經驗和最佳實務順利應用在來自各行各業的客戶身上，我必須積極主動地研究或嘗試這些做法，才能得知哪些可行、哪些不可行。除了企業策略，我還必須成為金融科技、農業科技、人工智慧以及任何相關領域的專家，但躲在書本理論後面或是擔心犯錯都不可能做到這點，唯有不斷嘗試、調整目標並實際應用所學，最終才會看見成果。

只要積極進取、主動學習，而不是埋首工作、被動等待，你就能把任何工作視為一項里程碑，締造出難以想像的成就。然而，這個過程非常可怕，因為你要一直拼命衝撞自己的知識邊界以及經過長期鍛鍊的本能反應。如果我想夠格為聘雇我的客戶提供建議，這是唯一的途徑。而且唯有如此，我的成長速度才能跟上客戶的需求，進而持續做出貢獻並協助推動成果。我必須時刻點醒自己，就和過去的經驗一樣，持續不間斷地大量吸收新知是工作的一環，我絕不能因此怯步。如同傑夫、梅麗莎和艾瑞克教會我的事，我必須要充滿熱情、堅毅勇敢、不怕失敗、亦不躊躇滿志。

人生就是學校，你要活到老、學到老，而要學什麼全都操之在己。

第七章

高投報夢想衝刺計畫

你渴望改變人生或獲得更高成就嗎？為了實現目標你願意有所犧牲嗎？這個方法的真正好處在於，你不需要更拼命或花更多時間在工作上，同時又能保證你可以冒正確的險，並以更有效率的方式運用自己的精力、資源，驅策你大步向前邁進。什麼樣的工作與生活節奏可以讓你在熱忱、核心價值與工作之間取得平衡？

想要達成深具影響力的目標，關鍵要素在於離開舒適的現狀，為的是創造出不同凡響的成就，而顛覆即代表挑戰未知領域。

你要如何將有限的資源或年資變成自己的優勢？你對團隊中的任何業務是否擁有獨到的見解或資訊，得以讓你有機會帶領專案？是否有領先你一、二步的同儕，讓你得以從其身上獲得啟發，或將其成長途徑當作遵循典範？你是否有參與延伸性專案並保留發揮創意思維的時間？你可以透過哪些方法馬上把所知所學實際應用？

尋求良機：哪些抱負會讓你興奮到不安？你可以試著解決團隊目前面臨的哪些困境？你現在可以自願做哪些只有你可以辦到的事？

思索對策：如果你想離這個難如登天的目標更近一步，你需要學習或練習哪些技能？能讓你維持長期效率的節奏是什麼？

採取行動：從今天開始豪賭一把！

第八章：關鍵轉向時刻與重塑自己

目標調整是人生和事業中不可或缺的一環，不論你是否有意為之。在打破常規的時刻來臨前先制定好策略，可以讓你獲得競爭優勢、先發制人，消除部分不可避免的壓力。我有時候是獲得了充份授權才做出調整，但有時則是因痛苦不堪才不得不為之，但每一次的改變都讓我學到無比珍貴的教訓，而且這些經驗不太可能透過其他方式獲得。

最難的目標調整都是起因於突然失去自己最為重視的事物和部分的自我認同。即便是經過思考、方向明確的目標調整都可能帶來相同的壓力感受，因為你必須放下手上既有的美好事物，只求換來更加崇高的未來目標，整個過程對信仰和決心是極為嚴峻的考驗。目標調整可能會讓我們崩潰不已或成長茁壯，而最常見的情況是兩者並行。

生活變動一定會帶來壓力，只要善用適當策略，就能在塵埃落定時脫胎換骨。以下這些策略將有助於你執行下一次的目標調整：

- 學著與成長的壓力和平共處
- 成為自身力量的主宰
- 追尋最適合自己的嚮導

當我進行職涯回顧時，我看見了連當時的我都沒想透徹的成長模式。史蒂夫・賈伯斯在史丹佛大學的畢業典禮上曾說，現在生活中發生的點點滴滴，只有在未來回顧時，才會明白其中道理。這就是為什麼我們在調整目標時經常覺得茫然不知所措。

對我來說也是如此，或許你也能感同身受。二十歲進入職場時，我心中並沒什麼偉大計畫，也不知道要如何和世界上最有權勢的大人物一起工作，但我確實有股說不上來的學習衝動，心底深處埋著無法壓抑的勃勃野心，而我在職涯中也一直致力於吸收新知。不管這條路有多不尋常，我至少可以在能力範圍內串起這些點滴。

我當然也希望有個人教練，盡早排好專屬於我的栽培計畫，但有幸遇上這些改變人生的體驗，每天還能見識到非比尋常的大智慧，我真心銘感五內。我很高興自己最終找出主導這些變動的方式，然後至少在整個過程中表現得好像一切都在控制之下。

學著與成長的壓力和平共處

二〇〇〇年初期在亞馬遜工作的時候，我親眼見證傑夫·貝佐斯從第一天起，就將目標調整模式深植於公司文化和核心靈魂之中。沒幾間公司能在剛起步時就有此明智選擇和先見之明，而這就是為什麼有些公司能成為市場霸主，有些公司卻轉型失敗。早在得知現有系統和管道已跟不上公司的成長速度之前，傑夫就已經開始投資、發明新系統和管道。他知道如果想要實現自己的願景，打造影響力在全球數一數二的公司，就必須不斷地調整目標。他把目標調整視為成功的系統指標，也就是說亞馬遜的企業文化是頌揚改變、無所畏懼。

傑夫稱這種調整文化為「第一天」思維模式。在「第一天」思維模式中，公司會有效運用新興科技、趨勢以及市場需求，並把關鍵的目標調整融入商業模式中。這些組織以迅雷不及掩耳的決策速度，當機立斷地調整目標，並具備扁平化的管理架構，因此得以移除任何阻礙，讓創新構想得以發聲並獲得採納。當公司規模擴大後，經常會面臨繁冗的官僚主義、組織開始僵化並因安於現狀而開始規避風險，這就是惡名昭彰的「第二天」情境。

傑夫希望亞馬遜同時具備靈活多變與百折不撓的特質，這個模式也適用於個人的職涯安排。

避免自滿．勇於挑戰

傑夫曾向我解釋過亞馬遜的成長策略就是抗熵（entropy）。「熵」是傑夫從熱力學中借用的詞，用來測量不能做功的能量總數，以及用來計算系統中的失序現象。傑夫很清楚，如果沒有主動制定計畫克服這個問題，隨時公司不斷成長，一定會產生效率低下的問題，讓公司變得食古不化、不知變通。

「失序現象」也會出現在個人身上，有時我們會變得過於自滿，遵循固定的模式和習慣，即便這些模式和習慣不再符合我們的價值觀，也無法鞭策我們追尋更大目標。習慣和熟悉帶來的安逸感，會讓我們看不見那些被浪費的潛能，以為這是更明智或安全的選擇。唯有將我們的才能和資源發揮出最大效益，並持續追求能讓我們膽戰心驚、甚至坐立不安的新事物，才能有所成長並提升幸福感。

諷刺的是，當我們有意識地做出目標明確的改變，反而更能主導局勢；如果只是安穩地待在舒適圈，等於把開創未來的責任交托在其他人手上。只要讓自己成為變革促進者並主導整個過程，你就不太可能成為人生意外變動的受害者。

生命會丟給我們各種無法預期的測試、考驗和痛苦，而我們在這些時刻的所做所為，將決定命運的走向。有時是無法預期的意外，有時則是自己選擇的挑戰，關鍵在於要透過這些經驗學會什麼樣的緊張不安能讓我們攢下最豐富的收穫，又什麼樣的痛苦能促使我們做出改變、選擇不一樣的道路。你必須費盡心力、不斷嘗試和犯錯，經過重重困難考驗才能累積這些智慧。

你必須清楚明白自己的終極目標，才不會在迂迴曲折的目標調整過程中失去方向。就像專業芭蕾舞者在做趾尖旋轉橫跨整個舞台一樣，你必須緊盯著某個固定的點，才不會在行進的過程中頭暈目眩、失足跌落。

即便全球首屈一指的執行長也會有自我質疑的時刻。強者之所以出類拔萃，不同於那些狐假虎威的小咖，絕不是因為他們無所畏懼或不受冒牌者症候群所苦，而是取決我們讓自己困在那種想法中多久。

自我質疑．勇敢推翻

二〇一七年六月，我和艾瑞克．施密特一起前往巴黎參加「萬歲技術」（Viva Technology）研討會，那時他教會了我一件很重要的事：要鞭策自己不斷前進，不要因為過去的自我而躊躇不前。我們和撰稿人麥特（Matt）一同完成了講稿，主題是「機器學習和人工智慧的序曲以及即將來臨的富足新時代」。這份講稿充滿希望，旨在減輕人們對科技快速進步的擔憂，並向全球觀眾保證，科技會為全體群眾創造更大利益，並在各行各業創造出不同層級的新工作與升遷機會。

艾瑞克是天賦異稟且經驗豐富的演說家，但他那天上台前顯得有些緊張，這不太尋常。我想應該是因為這是全新的演講內容，而且下一位講者還是剛當選的法國總統艾曼紐．馬克宏，他的演講主題則是闡述他當時的目標：把法國變成「新創企業首選國家」。

上台前，艾瑞克同我與隨行人員分開行動，好讓艾瑞克可以專心準備講稿，以期更順暢有效地傳達其中訊息。會議中心的後台密不透風，那天的巴黎又極度炎熱，所以艾瑞克和我都汗流浹背。馬克宏總統的安全小組在總統到達前就淨空了每間房間，並用安全封條把門封得牢牢的，所以連一絲絲的涼爽空氣都進不來。艾瑞克上台後，汗還是一滴滴順著我的背淌流著。

艾瑞克最棒的其中一項才華就是能清楚說明最複雜的科技，讓完全不懂科技的人也能聽出門道。這場有關人工智慧的演講是人工智慧浪潮的起點，成了民眾在茶水間和餐桌上討論的話題，不再僅侷限於頂尖大學的研究主題。艾瑞克把自己視為科技領域的政治家，嚴肅看待自己在其中扮演的角色，期許自己做得更好、向更多人推廣，並成為全球社群的更大助力。縱使他是自己把這件事攬上身，但還是感受到極為沉重的壓力。

艾瑞克演講結束下台後，我知道他會像過往一樣，檢視我的筆記並聽聽我的回饋。然而，看到他直接走向我，我馬上放下手中寫滿心得的筆記本，他認真地輕聲問我：「演講沒問題吧？」我笑了一下，震驚之餘還是回道：「當然沒問題！你可是艾瑞克．施密特！」他搖了搖頭笑說：「你知道嗎？有時候我還是要提醒自己，我不再是當初那個來自維吉尼亞州的小子了。」

過去二十年來，我身邊圍繞著世界各地的名流、國家元首、執行長以及你能想像到的各種權貴。我可以很明白地跟你說，他們每個人都曾經歷過冒牌者症候群、自我質疑及灰心喪志的時刻。我們也都有過相同感受，必須不時提醒自己，我們值得站在自己人生舞台的中央，成為鎂光燈下的主角。卓絕之才的與眾不同之處在於，他們偶爾會覺得自己是冒牌者，但不會把它當成一個病症，也不會讓這些念頭變成定義自己的永久診斷或狀態。

艾瑞克展現出的謙遜態度，且願意和我分享這個脆弱時刻，讓我在當下立即明白，我不再是那個來自西雅圖的小女孩了；在我堅持不懈地提升自我、努力工作、挺身奮戰後，我已有資格去拿下自己的一席之地。

成為自身力量的主宰

二〇一六年那年，我的工作和私生活都出現了翻天覆地的變化，完全不在我的計畫之內。這個即將到來的重大關鍵轉向時刻起因於一位同事在二〇一五年過世了。

多年以來，我的團隊每週都有一天的時間待在 Google X 園區工作，因為艾瑞克會在那主持每週的高階管理會議。我們就坐在那些瘋狂登月構想的誕生之地，身邊都是這輩子見過最為聰明絕頂的夢想家。我在過去十年親眼見識到他們將那些看似不可能實現的點子，在 Google 共同創辦人塞吉．布林和艾斯楚．泰勒（Astro Teller）的主導下，一路從概念構思邁向正式產品上市。我看著他們在 Waymo[6] 為了發開出無人駕駛車，想盡法子憑空發明出一切必要技術；以及在「Project Loon」計畫中，打造出可以升至平流層的高空氣球（High-altitude balloon），只為了替偏鄉社區提供 4G 空中無線網路。而其中有位才華洋溢的工程師叫做丹．弗萊丁伯格（Dan Fredinburg）。

丹和我沒有私交，但我們兩人進入 Google 的時間大概只差了六個月，過去有九年的時間，每週至少會在公司打一次照面並相互寒暄。丹是那種把人生過得淋漓盡致的人，他是 Google X 的隱私權總監，也是成立「Google 冒險團隊」（Google Adventure team）的人，專門到大堡礁和高山等遍遠地區繪製地圖，拍攝高品質的照片並上傳至「Google 地球」上，讓無法親身前往的民眾也能體驗這些自然奇景。他致力於協助人們體驗、欣賞並實際採取行動來保護地球美麗的大自然。

不幸的，有次丹和三位 Google 員工一同前往記錄聖母峰攀登路線，然而就在他做著自己最熱愛的事時，一場因地震引發的雪崩奪去他的性命，當時他年僅三十三歲。

6.（譯註）Waymo 是一家研發自動駕駛汽車的公司，為 Alphabet 公司旗下的子公司，最初是 Google 於二〇〇九年一月展開的一項自動駕駛汽車計畫，之後於二〇一六年十二月自 Google 獨立出來，成為 Alphabet 旗下子公司。

勇敢生活·無所畏懼

丹意外喪生後，他的家人以其之名成立了一個慈善組織，並架設了「像丹一樣生活」(Live Dan) 網站，鼓勵那些受到啟發的民眾和丹一樣：「矢志活得無所畏懼」。這句宣言像是敲醒我的一記響鐘，因為當時我的私生活已是一團糟。

雖然經過多年的諮商治療、無數次聲淚俱下的對話以及在我的堅決反對下，長達十五年的婚姻最終還是在那年劃下了句點。我沒辦法解釋離婚的原由，因為那是我前夫單方面的決定，他有他的理由。我只能說自己在面對離婚這件事處理得不是很好，有好幾年的時間我都處於悲傷的否認階段，瘋狂地運動、長時間待在辦公室工作，逃避離婚的創傷和孤身一人的悲慘事實。我突然驚覺，如果我死了，肯定沒有人會想「像安一樣生活」，就在那刻我清醒了過來。

丹的家人在網站上寫出以下挑戰：「像丹一樣生活，活在當下、活出自我、活出未來。沒有辦不到的事，有時你只是要走上較少人挑戰的困難路徑；丹選了一條沒人走過的路，成為自身生命旅程的主宰，**他探索了**這個充滿無限可能與幸福的世界。」我不只想要體現這項挑戰，更想要成為鼓勵別人勇於挑戰自我的榜樣。在接下來的幾年，我以不同的形式實現了這個目標。

有人說危機是最不該浪費的轉機，而我誠實地跟各位說，當我全心接受自己的命運後，便將這個擁有無限可能的新現實揮灑得淋漓盡致。我立志要寫下自己的命運，與其沉溺在哀悼已失去的人事物中，不如把所有精力放在創造足以令我自豪的成就上。我希望人生的新階段充滿刺激、勇氣與成就。

我開始主動尋求冒險機會，並在挑戰艱鉅任務的過程中獲得前所未有的喜悅。請注意，我說的是過程，不是「完成」。人生的究極快樂是來自於願意嘗試，而不是攀上巔峰。如果我們只看見旅程終點的最後一刻，就會錯過一路上值得慶賀的里程碑，像是在過程中獲得的力量、習得的知識、克服的恐懼。旅程是我們唯一能掌控的部分，結果通常並不在我們的掌握之中。我們無法控制他人如何看待我們的工作，只能要求自己鼓起勇氣、放手去做。只要在追尋的過程中感到快樂，人生就會變得更加精彩豐富，且真正的幸福就在觸手可及之處。

我實現人生新哲學的第一步既簡單又慎重，就是開始答應我平常不會答應的事，而許多始料未及的機會便接踵而來。

站上舞台．發光發熱

有天某位素未謀面的人和我聯繫，邀請我在幾個月後去紐約的一場研討會上演講，而這個人只看過我在「領英」（LinkedIn）上的個人檔案。我從未上台演講過，也沒有參加過專為幕僚長一職舉辦的研討會，所以直覺地想要拒絕，但查了一下行事曆，發現那週我本來就會在紐約分公司工作，心裡有個聲音告訴我，或許值得一試。其實我真正的想法是，反正沒有認識的人會參加那場研討會，所以就算我表現亂七八糟，也不會造成任何傷害，但至少是個學習機會。

我在一無所知的情況下去了那場研討會，也是唯一一位沒有準備任何 PowerPoint 簡報的講者，只帶了一些匆匆寫下的筆記與故事要和聽眾分享。跟名單上的那些專業講者比起來，我完全就是個門外漢，但就算演講內容稱不上盡善盡美，也不影響我和聽眾分享那些我認為對他們有幫助的事。

上台前我當然很緊張，好在一開始講話後，緊張的情緒消失無蹤，總算可以好好地傳達訊息並和聽眾互動。

演講後收到的回饋都很正面，讓我鬆了好大一口氣，而且我也很喜歡會後再跟與會者聊聊故事中讓他們深有同感的部分。如果現在回去看當天演講的重播，我應該會羞得無地自容，但我肯定不後悔當時決定賭一把，因為這為我日後開啟了許多扇機會之門。

演講結束沒多久，其中一位講者薇琪．索科爾．埃文斯（Vickie Sokol Evans）向我走來，恭喜我完成了第一場演說，並問我是否想要針對自己的演講內容獲得任何回饋意見。我有聽她的演講，內容和微軟產品的技術訓練有關，非常喜歡她整場簡報的呈現方式。即便我個人沒有使用任何微軟產品，也不需要相關訓練，但整整兩個小時我還是聽得目不轉睛。她個人魅力十足，在解釋困難的技術知識時，還能巧妙穿插一些詼諧笑話、保持觀眾互動。

我萬分感動她願意主動給我回饋，協助我培養演講這項新技巧。我們交換了聯絡資訊，一星期後便接到了她的電話，當時再過幾天就是感恩節了；她和我說了一些實用技巧，不僅讓我的簡報內容變得更有條理，還可讓聽眾更容易記住較長的術語。她認為我原本的演講內容十分有力且獨特，並說我是天生的講者，再三鼓勵我多多演講。

在我的事業生涯中，沒幾個人像薇琪一樣，能夠看見我的原始天賦，並主動花時間教導我如何做得更好。她後來教了我一些簡單好用的小技巧，馬上大幅改善了我的演講技巧，主要重點就是鼓勵我將職涯故事分成五項簡單好記的原則來敘述。仔細一想，如果是當時的我，一定不敢主動向她尋求任何建議。

我後來陸續在五大洲的不同講台上發表演說，也在這些場合遇到了改變人生的終生摯交，而這一切都是起因於我在還不認為自己會做得很好之前，就一口答應了那場演講邀約。分享自身經驗讓我獲得了無比的滿足感，這些聽眾和我一樣，都有著遠大抱負，希望不斷提升自我，並有效掌握職涯中的每個良機。

我也將這項新技能運用在 Google 的工作上，像是在都柏林（Dublin）和紐約分公司的全球培訓活動中，告訴員工要如何發展職涯和提升影響力。得以向比我晚進公司的後輩傳承我這些年學到的諸多經歷，我覺得成就感十足。

兩年後，我受邀在德州奧斯丁舉辦的西南偏南（South by Southwest，SXSW）大會上發表演說，這是我第一次和艾瑞克同時獲邀演講，且場次只早了他一天，我幾乎不敢相信這是真的。我們一起搭他的噴射機前往會場。雖然我們分配到的會場大小明顯有差，但對自認為是艾瑞克學徒的我，能和大家分享這些經歷，真的是非常美好的一刻。

當眾出醜．再接再厲

但在演講這個領域，我可不是從未栽跟斗過。在我剛展開講者生涯時，有次我獲邀在密爾瓦基市（Milwaukee）舉辦的大型研討會上發表演說，聽眾不是我習以為常的創新改革者和顛覆破壞者。主辦單位替我安排了最大的會場，聽眾高達上千名，我很高興能藉此機會和如此多的群眾互動、分享經驗。然而，我很快就發現，觀眾並沒有像平常一樣和我或演講內容產生共鳴，演講結束後也沒幾個人想來和我談話。

回到加州後，我請主辦方寄回饋意見給我，好改進我的簡報內容與表達技巧。我知道這場演講不太成功，也有心理準備會有不少重大改進之處。應我的要求，主辦單位給了我完整權限，可以存取所有與會者對那場演講的回饋，我必須說內容實在是令人不忍卒睹。我本可選擇大哭一場，然後再也不踏上舞台了，因為每篇回應都讓我覺得羞愧難當。這次的意見回饋和幾年前薇琪給我的回饋大相逕庭，她給了我實用的建議，讓我的演講技巧和傳遞訊息的方式都更上一層樓。但這次在密爾瓦基市的聽眾沒有給出任何具體或可行的回饋，單純就是不理解或不喜歡我。

雖然我難免覺得自尊受損，但很快就明白一件很重要的事：這些人不是我的目標受眾。我不是為所有人存在的，也不需要做到如此。這是我這輩子最大的頓悟，突然覺得海闊天空、人生從未如此自由過。如果沒有欣然接受這件事，或許我就不會再次為適合自己的觀眾站上舞台了，例如西南偏南大會的創業家們。

塞翁失馬．焉知非福

在努力尋求個人突破創新之際，我發現加州可能也不再是適合我的舞台了，這裡存在太多過去生活與舊時自我認同的影子。

二〇一七年的前三個月，我幾乎把自己擁有的所有東西都賣掉或捐出去了，包括車子、房子、傢俱、衣服、藝術品等等，你能想到的任何東西。我一一地檢視並哀悼自己在婚姻期間收藏的每樣東西，然後親手把它們送出家門，包括了結婚賀禮、回憶和夢想，這種撕心裂肺的痛讓我在多數的夜晚都是哭著入眠。送走最後一樣物品時，我身邊只剩下兩只行李箱和三個旅行提袋。這是十分折磨的過程，但在劃下句點的那刻，我總算獲得一直在尋覓的解脫感。然而，這只是起點，當時我決定要讓生活徹底改頭換面。

在 Google 工作是我的安全網，也是我僅存的個人認同和自豪來源，但我知道自己必須稍稍冒險一下，才能翻開人生的下一篇章。

我向艾瑞克提議把我轉調到倫敦辦公室幾個月。當時英國才在六個月前投票支持英國脫離歐盟，沒人知道這個表決結果對歐洲的商業和經濟會造成何種影響。而在幾個月後，法國和德國排定了總統大選日期，我們預計會為政治和商業情勢帶來更多翻天覆地的變動。

我向艾瑞克表示，我在倫敦或許能發揮所長，包括與歐洲政策和通訊團隊互動討論，並從這些對話開始著手推動執行董事長團隊的工作，以便更積極關注這些重要發展和關係變化。我認為這是很明確的商業個案，有助我在歐洲建立並深化策略性政治關係，並運用我們的影響力和專業知識來達成公司目標。當艾瑞克點頭答應時，我鬆了好大一口氣。

二〇一七年四月一日，我最後一次關上我位在加州桑尼維爾市（Sunnyvale）的住家大門，毫無頭緒未來會發生什麼事，就這樣搬到了倫敦。這是我人生中第一次如此無牽無掛，不受任何關係和期盼的羈絆。以我平時小心謹慎的個性和特質，這大概是我中年危機最激烈的表現了吧，但我下定決心要駕馭它。

我總算能夠徹底改變自己的生活，在接下來的兩年內，像遊牧民族一樣，和世界各地許多體貼慷慨的朋友住在不同的城市。我自由自在、不受拘束，用可以想像到的任何方式重塑自己。我就像在走高空鋼索一樣，已走到了一半，後退沒有任何好處，不如繼續勇敢前進。在選擇不多的情況下，反而讓人勇氣百倍、頭腦清晰，不像過去一樣綁手綁腳。我決定不要再像以前一樣，拼了命向自己或其他人證明自己的價值，我只想要全心擁抱生命中的一切。

在從自我探索的懸崖一躍而下時，Google 仍是我的降落傘。後來我在倫敦找到了新家和歸屬，身邊圍繞著可愛的同事，我們並肩作戰、協調合作，為重要且影響力遍及全球的專案努力著，讓我再次獲得不一樣的自我認同和使命感。全世界在那年夏天寫下了許多歷史，而我感覺自己就站在某段歷史的核心中樞。

我和倫敦的團隊一起安排舉辦「Google 營地」（Google Camp）會議的相關事宜，這場會議匯集了全球最有權勢的大人物，在義大利待上一週的時間商討與因應全球議題。我同時也和通訊、活動以及政策團隊合作安排「Google 時代精神」（Google Zeitgeist）的訪談活動，包括艾瑞克在台上訪問約旦王后拉尼婭（Queen Rania of Jordan）以及前英國首相東尼．布萊爾（Tony Blair）。此外，我還協助「Google 文化機構」

（Google Cultural Institute）在美國自然歷史博物館（Natural History Museum）舉辦了發布活動，他們數位化了全館收藏，讓世界各地的人都能欣賞這些展示品。我在德國安排了數場策略會議，與新當選的德國總理安格拉·梅克爾（Angela Merkel）對話，討論如要鼓勵並支持當地的創業風氣，該如何擬定相關政府政策。然後我們還參加了慕尼黑安全會議（Munich Security Conference），主題是如人工智慧等發展中的科技，為的是加強與軍事決策者的互動，並和BMW等策略產業合作夥伴討論無人駕駛車的未來發展。

我在為自己的人生打造全新的方向舵，卻還沒找到專屬於我的北極星，是時候該尋求指引了。

追尋最適合自己的嚮導

長久以來，矽谷最高階的技術人才都有尋求正式教練的傳統，十分符合我們持續學習和探索的文化精神。即便艾瑞克·施密特在Google當了十年的執行長，然後又接手「Alphabet」的執行董事長一職，並找到自己能有所貢獻的舒服節奏，他還是不斷投注大量心力在自我提升並致力於再創新高。能做到如此，很大一部分靠得是深諳能者為師的道理。

就像奧運選手一樣，艾瑞克知道就算自己已經是所屬領域的個中翹楚了，他還是需要持續接受指導和外部中立觀察者的意見，才能發揮最大潛能。比爾．坎貝爾是艾瑞克拜師已久的教練，他同時也是許多矽谷菁英的教頭，擁有十分豐富的相關經歷。比爾在過去十五年間，指導過 Google、Intuit、eBay、Yahoo 奇摩、Twitter 以及 Facebook 等公司的高階主管，但令我印象最深的不是他有一長串的執行長客戶清單，而是他對待每個人都一視同仁，不會有差別待遇。他親切和藹到難以想像。每次經過我身邊時他可以點頭微笑帶過，但他沒有，總是會花時間和我聊聊，讓我覺得自己是團隊的重要份子，而且他很重視我的存在。

比爾於二〇一六年死於癌症，享年七十五歲，當時 Apple 史上頭一遭決定延後他們的季度財報電話會議，只為了親自主持比爾的追悼會。我和世上首屈一指的業界大老齊聚在追悼會上，大家時而落淚，時而分享和比爾有關的有趣故事以及他教會我們的事。

比爾的指導風格總括來說是「全人教育」。他從不會只聚焦於特定的商業挑戰，務必把更大的全局納入考量，並幫助這些接受指導的高階主管記住自己是誰、重視的是什麼以及他們想對世界有何貢獻。失去摯愛除了會帶來巨大的痛苦，也會讓你想要重新檢視人生，確定自己走在正確的道路上，並把精力投注在自己真正在乎的事情。

良師典範．自己創造

我很幸運可以和世上最聰明偉大的幾位強者一起工作，而我也希望能夠更加認真思考要如何善用這些經驗，鼓勵自己做出更大的貢獻。因此，我決定要建立起自己的支援人脈網，唯有如此才能去追尋真正渴望獲得的個人成長。

其實你不需要有像億萬富翁一般的人脈，也能獲得同樣的啟發和指導，進而讓機會的大門為你敞開。有些我長久以來視為良師的人根本不知道我的存在，因為我們唯一的互動是我在線上追蹤他們。我為自己創造了一個教練團，每位教練都有著我敬佩的技能或事業，我仔細觀察並汲取經驗，從每個人身上挑選出部分特質，然後融合成我理想中的良師典範。

要決定誰最適合指導自己，首先我必須找出想走的方向。我坐下來撰寫自己的夢幻履歷，寫滿自己在事業進程中想要學習與達成的事物。我發現相較於頭銜導向，學習導向讓我更容易抓出一不小心可能錯失的機會，進而創造巨人的影響力。

我這輩子最害怕的事就是活得毫無意義，為了成為命運的主宰，我願意冒一切險去追求卓越，就算深知失足犯錯、丟臉難堪與受人非議是在所難免的事也沒關係。在所有必須採取的重要步驟中，除了決定自己在有限人生中想做的事以外，我還要想清楚這麼做的理由以及想要與誰同行。

要打造我未來夢想中的履歷，第一步是找出比我早五到十年完成我遠大目標的先進。我知道自己想要創辦公司，因此我開始找尋哪些創辦人具備我想效仿的領導特質，然後積極地研究他們的成功路徑、目標調整方法以及最佳實務。我知道自己想站上全球舞台發表演說，所以我開始研究現在有哪些演說家的聽眾是我的夢幻受眾，並盡可能地研讀他們在站上講台前走過的漫漫長路。我知道自己想把事業重心放在鼓勵與教導創業家過上充實且有意義的人生，因此我鎖定的都是致力於促進社會利益的領袖人物，然後研究他們是如何讓自己的聲音被聽見。我盡可能地爭取機會訪問這些人物，並針對尚無法見面的人進行相關研究。

追尋合適的良師對我來說是趟永無休止的旅程，而我在其中學到的定律是：「羅馬不是一天造成的，而深遠的影響力也是如此。」因此我必須擬定策略，才能在一開始沒沒無聞之時堅持下去。如果你在前進的路上一直踽踽獨行，勢必會倍感孤單，因此我盡力找出別人成功的路徑，然後以逆向工程的方式想辦法和他們一樣成功。找到崇拜的領袖時，我會找出他們的起步故事、專業人脈網以及會參加的會議，然後再想辦法模仿這個進程。

在網際網路時代，就算不認識任何武林高手，你還是可以向一代名師學習！

正確的事．做就對了

有天我突然發現，我從開始工作的第一天就把自己當成學徒，每天都想盡辦法吸收各種知識，也就是說師徒制已融入了我的日常。開始和志同道合的人分享自身經驗後，我終於找到那種圓滿的感覺，所以才會如此喜歡在研討會上演講，指導並鼓勵和我同樣雄心勃勃的人才。現在光是能夠盡量試著將自己的經驗心法傳承下去，就為我帶來極大的滿足，而且自從我開始學著教導和指點自己後，我的學習便進展到完全不同的層級。

我在世界各地都看過許多毫無號召力的人當上主管，只因為他們自我感覺超好，敢在要做什麼都不知道的情況下舉手爭取機會。如果你希望別人把你當成領導者，就必須把焦點從貢獻一己之力轉換成鼓舞他人一同出力。艾瑞克常說，真正的領導者和管理者的差別在於，領導者激勵別人自動自發，管理者指揮別人做東做西，就這麼簡單。職涯發展到了一個階段，站在鎂光燈下就成了工作的一環，只有你自己可以決定要不要勇敢爭取舞台上的一席之地。

我在二〇一八年九月一日離開 Google，那是我夢想中的工作，也是全美排名第一眾人嚮往的公司，而我在那待了整整十二年，然後決定要孤身一人、重新出發。乍聽之下好像很瘋狂，連我自己有時候都會質疑這個決定。Google 這十多年來就是我的家、我血緣外的家人、我的身分認同以及我的舒適圈。而現在，這是我第一次在事業上要替自己築夢，不再是領薪水為他人做嫁衣了。

離開 Google 後，我在各個方面都要從零開始，重新建立起自己的名聲，來到了新國家、說著新語言、沉浸在新文化，還要培養全新的人脈網。這些風險確實會讓人心生恐懼，但每當我覺得難以承受時，在矽谷學到的那些成功原則，以及那些協助我找到北極星的良師，支持我撐了過去、不至於打退堂鼓。我在人生和事業上最渴望的是有所貢獻、鼓勵他人一同打造理想中的美好世界。一旦知道自己的核心價值和熱情所在，面對創業時的不知所措、擔憂害怕以及疲憊不堪好像都能夠克服了。

我找回關懷身邊每個人的初衷，不再汲汲營營於在工作上比過別人。我為工作和客戶貢獻的心力，遠超乎交付到我手上的專案、問題或挑戰。我將工作品質和觀察洞見放在第一順位，而不是只看耗費的時間或最終的成果。有了這種思緒模式，我可以更深入地了解客戶真正想解決、創造和貢獻的事物，然後直指問題核心。我在為他人旅程提供指引的過程中，也獲得了更深度的個人成長。

學著與成長的壓力和平共處，透過挑戰難題獲得力量，然後找到值得追尋的嚮導，最終也成為指引別人的明燈，在這樣的循環中我發現，掌握未來的能力一直都不假外求，我總算放下了心中的那塊大石頭。

我不再覺得講出自己的名字前，必須報上任何名號，才能證明自己夠格擁有一席之地。而實情是不管這些調整目標的過程有多漫長或痛苦，我都因此獲得了看清自己真實樣貌的能力，而不是一直試圖改造自己。

我終於想通，我已經夠好了！

第八章

高投報夢想衝刺計畫

你是否因為過於自滿而失去為未來精彩人生冒險的動力？面對自我質疑時，你是否有勇氣大聲反駁，提醒自己截至目前為止已成就的一切？從今天開始你可以採取哪些行動成為自身力量的主宰，無所畏懼地勇敢生活？你想站上什麼樣的舞台？想在哪個領域享有盛名？你準備好拋下一切阻止你勇往直前的包袱了嗎？如果想要離自己的目標和想成為的人更近一步，讓自己可以大膽出擊，什麼樣的良師典範是你現在可以尋求並仿效的？

尋求良機：失序現象是否已悄悄入侵你的生活？你能否迎接新挑戰並為工作帶來更多喜悅？你是否過著其他人會想效仿的人生？有任何良師能夠激勵你採取下一步嗎？你是否有花時間悉心規劃未來的夢幻履歷？

思索對策：如果想要有升遷進步的機會，你可以展開什麼樣的成長專案？你身邊是否有足夠的人脈支持你的成長，引導你往正確的方向前進？

採取行動：這個星期就開始尋找機會，讓自己離理想中的工作更近一步。

第九章：設定自身價值

事實證明，抗壓韌性不是什麼一學就會的技能，反而比較像是需要定期伸展、操練的肌肉，才能讓它保持在最強健的狀態。我選擇轉換跑道成為創業家並成立自己的公司，就是我職涯發展至今最為劇烈的日常訓練。而理論和實務的差別便在這裡，唯有捲起袖子、跳下去做，才會知道實際演練的情況。

發掘自身真實價值的重點在於為自己建立起強大的自信心，無關乎於任何頭銜、公司或外部贊助者。我每天都在尋覓自我價值，但我發現要把價值展現出來有三大關鍵，只要跟著我這麼做，你也可以辦到：

- 重新包裝自身技能
- 擬定個人商業計畫
- 努力才會獲得力量

雖然我是向菁英中的菁英學習創業精神，但整趟旅程還是少不了各種緊張刺激和心力交瘁的時刻，不過一開始靠的就是初生之犢不畏虎的天真。

重新包裝自身技能

在公司待了十二年，當我和同仁聊到自己準備離開 Google 時，有些人主動向我提供了一些我平常連想都不敢想的機會，這讓我倍受鼓舞。

在艾瑞克．施密特手下工作了十年，我經常和他的創投公司「Innovation Endeavors」合作專案，他們有一套價值導向的獨到投資方針，因此特別能夠吸引到最能與我產生共鳴的創業家。卓爾．貝曼（Dror Berman）是 Innovation Endeavors 的執行長，他偶爾會向我引介他們公司幾位前景看好的基金執行長，請我協助他們了解他們目前正在面對的特定成長問題。

經過這些年的合作，我因此認識了不少年輕的新創執行長，也非常熱衷於替他們解答在經營公司時會遇到的營運和程序問題。跟著傑夫・貝佐斯、梅麗莎・梅爾以及艾瑞克・施密特工作了這麼多年，和這些執行長分享我從中學到的最佳做法與經驗是很輕而易舉的事。我超愛這些非正式的談話，很開心能夠幫他們解決一些決策初期問題，而且在過程中自己也有所收穫。

然而我還有正職工作，在時間有限和行程不固定的情況下，其實我很難有系統地為他們提供協助。此外，我也沒有受過任何正式的商業指導方法訓練，所以經常不知該從何著手。最初做這些事的時候，我並不知道自己到底帶來多少助益，但很清楚知道在過程中我大有斬獲。

當我下定決心要離開 Google 時，有好幾位執行長問我是否能建立正式的指導合作關係，而我認為在歐洲進行我的內省之旅時，接一些專案、保持自己和矽谷的聯繫應該也不錯。當時我已決定要搬到西班牙，跟矽谷完全南轅北轍的地方，好讓自己重頭來過、徹底突破。就在這樣的因緣巧合之下，這些專案成了我創辦公司的第一個舞台，也就是我現在專攻的領域：從最佳化、領導策略以及登月目標逆向工程分析等方向，為長字輩的領導者提供協助。過去幾年我提供的服務已臻完善，但我從未想過接下來會有一個讓我大展身手的機會，而這一切都是源自於我在 Google 一路打下的基礎。

未知領域・勇往直前

創業之初，我採取比較保守的做法，先為認識的人提供服務，而我的第一位客戶是相識多年的執行長，他是位聰明真誠、任務導向的人，正是我最擅長合作的領導者。這是間農業科技新創公司，專門打造室內農業，相較於傳統農場，可節省百分之九十九的土地以及百分之九十五的用水量，用來種植無農藥的非基改作物，對植物、人類和地球都是更為健康的選擇。此外，他們也致力於為弱勢但具成長潛力的市場提供新鮮農產品，有別於傳統農業產品，可以提供更完善的營養。我非常認同他們的使命，因此很樂意花時間提供協助。

我第一次和這位執行長合作，目標是想辦法讓該公司內部橫跨多個國家、分散在不同偏遠地區的團隊與高階主管能夠更有效地協調分工。他們的成長速度飛快，需要能夠擴張規模的系統。對我來說這是很有趣的挑戰，而我對自己在這個領域的專業知識也很有信心。

後來他們請我協助一項在中東的專案。杜拜政府當時為鼓勵新創公司在阿拉伯聯合大公國設立辦公室，因此制定了許多獎勵政策，希望能夠打造出「中東矽谷」。客戶公司想要進一步了解這些獎勵政策，因此問我是否能夠前往杜拜推動雙邊的協商對話。

阿拉伯聯合大公國亟需提升農業發展，因為糧食是國家安全議題，不可能一直仰賴友好鄰國來滿足國民的糧食需求。和平關係不能視為理所當然，所以室內農業對所有人來說可能是雙贏的解決方案。雖然我從未和政府官員談判過電費問題，但我知道「杜拜未來基金」（Dubai Future Foundation）的營運長可以為我打開幾道門，因為他是阿拉伯聯合大公國總理辦公室在未來、展望及創新等領域的前任顧問。然後我就坐上了飛機，動身準備去嘗試解決自己從未做過的事，心裡既忐忑不安又躍躍欲試。

飛往杜拜前，我和與我差不多同時期進入 Google 工作的妹妹聊了一下天，告訴她我去杜拜的目的是和當地政府談判電費問題，這項條件將會決定客戶公司這次的業務拓點是否能獲利，她的反應很直接：「這也是你的專業領域喔？」我也很直接地回道：「當然不是，我根本毫無頭緒，但總會摸索出方法的！」親自去試是唯一辦法！

這趟旅程的一開始就讓我神經緊繃，因為我的談話重點中充滿了毫不熟悉的農業科技行話，但我在從西班牙飛往杜拜的漫長航程中，已熟讀並背下了所有筆記與談話要點。殊不知，談話要點很快就成為最不需要擔心的小事了。

我在旅行的途中染上了這輩子最嚴重的流感，症狀包括劇烈的竇性頭痛、咳嗽以及發燒。一到杜拜，我就在機場藥局買了所有能買的藥，然後整個人癱軟在計程車上。當我抵達杜拜費爾蒙特酒店（Fairmont Dubai Hotel）時，連飯店人員都看得出來我病得有多重，直接把我送到房間，連一般的正式入住手續都免了，飯店經理還主動送熱茶來房間。我整個人倒在床上，卻毫無睡意，即便我已坐了一整天的飛機、當地時間凌晨兩點才抵達飯店。

隔天一早，我幾乎連從床鋪走到浴室的力氣都沒有，但我意志堅決，鐵了心要在那些嚇人的政府官員面前拿出最佳表現。

除了負責安排茶水的人員以外，我是那場會議中唯一的女性。我盡可能地簡短回答所有問題，才能在不咳嗽的情況下說完一句話，然後還一直請茶水服務人員幫我倒加了檸檬和蜂蜜的熱水，好緩解咳嗽。我奇蹟式地撐完了整場會議，促成了接下來六個月無數場的友善對談。

雖然最後這項杜拜專案沒有進行下去，但我向自己證明了我有能力主持高風險會議，不像過去只能為其他人撰寫簡報文件而已。我的自信心大增，剎時有了全新的憧憬，預見未來更大的揮灑空間。

在杜拜的期間，流感不見好轉，可我還不能回家，因為之前答應了一位新客戶在倫敦的發布活動上發表演說。這位客戶是一間旅遊應用程式新創公司的執行長，我們經過共同朋友介紹認識，而我單方面認為擔任她的顧問是很理想的合作關係。我很期待和女性創辦人合作，而且她公司的目標客群是高階商務旅客，我覺得自己不費吹灰之力就能協助她的公司順利起飛。只可惜當時我沒能夠展現出最佳實力。

從杜拜飛往倫敦時，我的耳朵鼓膜差點因為起降時的壓力破裂，我痛到哭出來，空服員甚至問我需不需要緊急降落。當時我不知道在想什麼，一心認為忍一下就好，等到了倫敦就會好多了。我到發布活動現場時，看起來就像染了瘟疫的人，整場演講一直在咳嗽。我確實有盡力完成了媒體訪談錄影、和與會人士見面、與首次見面的公司團隊建立關係，但我很難過自己沒有做得更好。

不只是我在發布活動上的演講一塌糊塗，更糟的是為了準備創辦自己的公司，我忙得焦頭爛額，根本沒有辦法替她提供我一貫的積極協助。我表現地七零八落、手忙腳亂、毫無效率可言。對此我痛苦不已，知道自己能做得更好，卻找不到方法在這個新情境下好好發揮，整天疲於應付各種瑣事，包括會計、合約、簡報、差旅計畫、講稿撰寫等等。我不只讓客戶失望，也讓自己失望了。

相信直覺．做出改變

過沒多久我又失敗了一次，這才驚覺自己必須重新來過。我還在用 Google 的步調工作，但缺乏明確的方向指引，對自己想成就的目標、想服務的對象以及想從每次機會獲得的經驗一無所知。

最糟的是，我只能從慘痛的教訓中學習，像是眼睜睜地看著我早期的一位客戶走向自我毀滅之路。當時我是兩位新創公司共同創辦人的顧問，他們感覺具備了成功所需的一切條件，不僅潛力無限，而且擁有我認為前景看好的遠大構想，但從一開始我們就有非常不一樣的商業計畫。

他們的募資目標非常激進，而我們在募資的金額與對象上都有非常大的意見分歧。我也很擔心他們的商業模式不太明確，產品概念也不夠周密，而且他們要進入的市場競爭非常激烈。

我督促他們把重心放在搶先以高端產品進入市場，且要盡快聘雇合適人才，因為這類人力非常搶手且要價不菲。他們則認為必須盡快找到投資人，才能招募到公司成功所需的技術人才，於是其中一位擔任執行長的共同創辦人負責募資，另一位則是擔任技術長，負責處理產品的技術專利開發。

這位執行長非常擅長募資，也很熱衷和頗具影響力的知名人物會面，並盡可能地提高了初期種子輪的募資金額。他們雇用了頂尖人才、前景看好，準備在現已飽和的人工智慧新創市場上大展身手。而這位技術長雖然應該把全副心力放在有關產品和專利申請的複雜技術層面，但他總是和執行長跳上同一班飛機，一起和富有的潛在投資人會面。

問題出在沒人認真負責公司實際營運的部分，他們都不想做「無聊」的基本工作，包括人員管理、制定營運程序、簽核日常公文或是擬定成長策略，整間公司群龍無首。他們空有領導者的頭銜，但這些職位的實際工作範圍和他們熱衷的事毫無關聯，更無法讓他們把自己的時間用在想做的事上。

他們募到了數額驚人的資金，但尚未推出任何產品，甚至連打算解決世界上的什麼問題、目標客戶是誰都沒有任何明確想法。我一再地向他們表示擔憂，卻不斷地被無視、輕忽，甚至害我開始質疑起自己。自此之後，我只能看著這間公司分崩離析，不斷失去他們辛苦賺來的資產與才華洋溢的員工，只因為他們太過自負，不願承認他們沒有善用自身的最大優勢。

我見過許多人一心追求身分地位或頭銜光環，只為了獲得親友或同儕的認可，但過得一點也不開心；他們只看見某個職務內容聽起來刺激有趣、舉足輕重且令人印象深刻，卻沒想過這並不是他們想要日復一日從事的工作。這些踏上自毀之路的受害者通常都極度聰明、工作認真，想要獲得伴隨頭銜而來的尊敬，卻發現這份工作的核心職責耗盡了他們的精力，完全不符合他們真正渴望做出的貢獻。

經歷過早期這次失敗的顧問經驗，多年後我終於明白，雖然客戶是因為過於妄自尊大而自食其果，但另一方面我也因為出於恐懼而畫地自限，沒有好好發揮影響力。當時我明明對公司的做法有所疑慮，卻沒有採取行動，反而因為他們對我所有質疑而默不作聲；我開始不接電話、不參與他們的專案，而不是主動劃清界線。現在回頭看，在面對挑戰時我居然出現如此不尋常的退縮反應，主因是在沒有 Google 的光環和大力支援下，我擔心自己孤軍一人，無法創造足夠的影響力。

我屈服於恐懼之下，完全不知道自己在做什麼，還放任他人撼動我的自信本能，不僅看不見自己獨有的實際附加價值，還懷疑自己是否值得。如果我想成為成功的創業家，就必須做出改變。

擬定個人商業計畫

這次的經驗讓我退一步思考，深刻地自省並檢視自己管理事業的方式。我接了太多客戶，事態發展飛速，執行各項程序的進度完全趕不上所有隨之而來的需求。公司業務量不知為何急劇擴張，有太多客戶需要我投入太多的時間，我根本無法發揮正常水平，滿足每個人的需求。

我開始面對現實，知道自己必須撥亂反正，打下穩固基礎。好險我總算看見其中矛盾之處，問題在我無法有效管理自己的工作量並建立相應的管理系統，以因應隨著個人成長產生的相關需求。我必須先給自己一些真正的商業建議，才能好好地幫助別人。

我最後終於找出時間坐下來思索對策，擬定了一份穩妥的商業計畫和使命宣言，其中包括我想要在事業上達成的目標，然後我意識到諮商顧問只是我想提供的其中一項服務。為個人進程規劃路徑圖是我在亞馬遜和 Google 工作時做過無數次的練習。如果不是曾經在組織完善的公司安全網內做過相關練習，連我自己都不確定是否能夠靠一己之力順利完成。

認清使命．確實執行

在擬定路徑圖與準備好助別人一臂之力前，我必須先想清楚在事業下一階段想要與不想要的事物。我知道我不希望覺得好像同時有很多老闆、手上一堆讓我倍感疲倦的專案，或是行事曆上有太多無法反映優先要務或真正價值的行程。我希望把重心放在創造價值，所以首先要清楚定義想服務的對象以及要提供的服務。

我發現之前是我陷自己於不義之中，忍不住覺得自己有義務接受幸運之神帶來的所有客戶；但後來想通了，與其接下每項找上門的專案，我應該要先發制人，主動挑選自己想要接受並投注時間的專案。我開始對潛在創業家客戶進行一些小測試，然後才決定要不要安排第一次會談，如此才能確保我們在價值觀、成果與未來展望上目標一致。接著我會提出三個月的試用合約，確定我們彼此合作愉快才會續約。

我想接的專案是客戶和我擁有同樣的熱忱和影響力目標，所以只接受工作內容和合作對象與我個人價值相差無幾的專案。我想要合作的公司必須致力於造福社群、為代表性不足的創業家提供成長機會，或是有潛力顛覆特定產業。我選擇合作的創業家通常求知若渴、虛懷若谷、勇於冒險、愛才好士且使命必達。

我根據自己想服務的對象、背後的原因以及執行的方式擬定了使命宣言，這將成為指引我的北極星，也是我日後進行商業決策的終極指南。我的使命是：「透過實際可行的教育與指導，在全球為代表性不足的創業家創造機會並賦予權力。」有了這項使命，現在我便可輕鬆自在地選出要接下的客戶和專案，以及要投入資源和時間的領域。我想要積極找出需要我幫忙發聲的弱勢族群，也就是說我必須拓展影響範圍並走出舒適圈。符合我價值觀的專案才是首選，其重要程度更甚於財務報酬。此外，我會把時間和資源花在建立可觸及全球的主動式教育，這成了專屬於我的北極星，自此之後我為自身的創業之路指出了一條康莊大道。

接下來我結束了手上的一切工作，決心從頭來過。我只留下那間農業科技公司，並好好地和其他客戶道別，為日後留下合作的機會。當我清楚知道自己的使命，影響力也開始發揮作用。

我發覺之前撐著我走下去的那招，也就是把工作做得比任何人都好，現在已不再管用了。我決定要把這個心態改成「比任何人都要用心關懷別人」。這個微妙的轉變讓我在思維上也出現重大轉向調整。只要比任何人都要用心關懷他人，我就能為工作和客戶做出難以想像的貢獻，遠超乎交付到我手上的專案、問題或挑戰。我將工作品質和觀察洞見放在第一順位，而不是只看所費時間或最終成果，因此我可以更深入地了解客戶真正想解決、創造和貢獻的事物，然後直搗黃龍。

決策核心・爭取加入

我成立一人公司後經手過很多轉型專案，其中一項專案甚至早在我離開 Google 前就已展開。二〇一八年三月，我在西南偏南大會上發表演說，演講結束後我注意到一則很友善的推持推文，針對演說內容分享了一些引人省思的重點。我馬上做出回覆並開始和推文的撰寫者克里斯（Chris）交流意見。他住在英格蘭，對我演說的主題有很深刻的見解。

會議結束不久後我就要前往 Google 的倫敦辦公室工作，所以我們約好改天喝個咖啡，繼續我們的對話。當時我從未想過，那場咖啡會面最終演變成他在六個月後邀請我加入董事會。克里斯是位連續創業家（不斷成立新公司的企業家），他在每場對話中都流露出滿滿的真誠、動人的願景以及與生俱來的指導技巧。他有許多頭銜，其中包括一家客戶關係管理機構的董事長，該公司位於英國布里斯托（Bristol）。

克里斯正在為那間公司的董事會物色一位非執行董事，希望能找位觀點多元、具有技術背景的人才，幫助公司發展特定長期成長目標。他和另外兩位夥伴——執行長詹姆士（James）和財務長安迪（Andy）——剛完成公司管理層收購，想要替公司改頭換面，好在行銷領域的新數位市場保有競爭力。我記得當他問我想不想加入公司董事會時，我直接笑了出來，因為我絲毫不懂客戶關係管理，也不覺得自己有能力在董事會做出貢獻。

我是一名在矽谷工作的美國女性，不具備行銷產業的任何專業知識，也沒有相關人脈，但這就是克里斯想要的局外人，唯有如此才能用全新觀點重新整頓整間公司。事實證明，克里斯很清楚有新手在場的好處，更讓我再次複習了這堂重要的商業課。

我飛去布里斯托和他的合作夥伴會談，不確定會議的走向會如何發展，但到了晚餐結束時，我們四個人建立了某種默契，認定這是值得一試的冒險。在我離開 Google 力求轉型的時期，加入這個董事會是最具挑戰且有收穫的事。我必須把自己在矽谷公司學到的知識，轉化成可在不同產業、成長規模以及歐洲市場運用的原則和實務經驗。這個機會對我來說是份大禮，不只讓我準備好迎接多個超棒的客戶專案和董事會職位，更重要的是我學會相信自己有能力在科技圈以外的領域做出貢獻。

加入董事會一年後，我們進行了自我評估和團隊評估，大大增進了我的自信心並提升了貢獻品質。其他董事會成員給了我一致且明確的回饋：拋開顧忌、勇敢發聲！我一直很擔心自己不夠專業，不值得他們花時間等待，因此有時會默不作聲，不敢發表意見或提供建議，除非有人直接請我說話。

在某項關鍵的董事會專案中，執行長詹姆士明確指派我扮演「魔鬼代言人[7]」(devil's advocate）的角色，要求我點出可能的問題並找出提議解決方案中的漏洞。這項練習讓我眼界大開，因為我突然發現自己有很多話想說，只是一直在等待許可而已。

在 Google 工作了十二年，我太習慣自己擁有豐富的經驗，可提供專業知識和論點穩固的建議。我一直在等待重新找回這種感受，才敢董事會議上自由發聲。進入職場沒多久我就知道，正因為我是局外人兼初學者，所以才能用截然不同的觀點提供意見並提出不易回答的問題，沒想到現在居然忘得一乾二淨。這個特點正是我能夠在會議上佔有席次的原因，客戶看重的是我廣泛的觀點和經驗，而不是深度的知識。

我平均一個月只會出現在客戶公司一天，所以不太可能累積足夠的知識深度，讓我有像在 Google 一樣的信心。於是我們調整了一下做法，開始每週進行一小時的董事視訊會議，讓我更加了解公司目前面臨的問題、進展順利的部分以及需要改進之處；如此一來，在每月舉行的董事會會議上，我便有充份的基本知識，可提供更加實質的建議。

在執行長鼓勵我誠實提出意見後，我開始詢問更多問題，進一步了解每項決策背後的要素，並根據我在其他公司看過的類似情況，提供實際可行的建議。我的貢獻因此更進一步，自信心也有所提升，相信自己可為任何產業或成長規模的領袖提供真正價值。

確立了商業模式和理想客戶後，我開始把精力放在解決人生中其他讓我卻步的事，其中最大的一項挑戰是在新國度創辦公司。西班牙完全符合我心中的預期，是沉思和發想的完美選擇，每天在新生活中體會到的景色、聲音和滋味都充滿了快樂和啟發。儘管如此，從矽谷搬到西班牙海邊小鎮，我還是低估了自己即將體驗到的極端文化衝擊。

這裡的步調如此緩慢，包括了銀行、餐廳，連路人都是徐徐而行。你知道城市中的行人走路速度和專利申請數量有正相關嗎？每個城市的動力皆可根據該城居民的態度、堅持度和創新趨勢來評估。我想這完美說明了為什麼我對這次步調的改變有如此大的反應。如果是度假，這是非常迷人的環境變化，但如果是在追尋自我突破，這種變化就有些太過劇烈了。而事實證明，這正是我所需要的衝擊，好喚醒心底最深處的渴望。

7.（譯註）針對多數人的看法或主流思想提出與相反意見的人，為的是激發團隊腦力激盪，打破既定的思維模式。

我懷念之前時不時要定期出差以及和重要人士會面的步調，必須想辦法擺脫這種茫然不知所措、毫無生產力的感覺。我突然成了一人團隊，除了自己沒有其他資源，這時我才真正意識到一人公司所代表的真實情況。我必須再次坐上駕駛座，重返快車道。

虛心學習．永保謙卑

首先，我必須重新找回自信和自我認同。我發現西班牙語遠比我預期的還難學，年輕時我學過好幾門外語，皆可以流利使用，所以我以為學習曲線不會差太多，但實際情況完全不是如此。一部分或許可以歸咎於年紀和大腦袋可塑性：我二十一歲時住在瑞典，然後不到六個月就精通瑞典語了。

我的人生經歷過許多挑戰，而不能和人順暢溝通或建立真誠關係，是最令我挫敗的事了。由於語言不通，我有時會感到無所適從、孤單寂寞又無所依靠。我在派對上一付百無聊賴或不感興趣的樣子，只是因為我講話太慢，或無法正確使用西班牙文的四種過去式，連好好分享故事都辦不到，自覺太過丟臉，所以經常直接放棄溝通。

經過一段時間後，我逼自己靜下心來，鼓勵自己不要因為學習新語言的龐大壓力而畏首畏尾，只要一步步來，採取實際可控的行動，終有一天會看見成果。我開始每天上午上三小時的西文課，並暗自決定，就算聽不太懂朋友在說什麼，我也要盡量參與對話。我把大部分的時間都花在認真聆聽，而不是放空滑手機，雖然我真的超想這麼做。

學西文時我真的經常在出醜，但關於語言學習，我獲得的最佳建議是，如果想要流利使用一門語言，你必須犯下一百萬次的錯。所以不如就看開點吧，這是必經的過程。因此，每次犯了什麼低級錯誤，或是對話速度太快完全聽不懂時，我就提醒自己，我又用掉了一次錯誤，離精通這門語言又更近了一點。

有時候我犯的錯實在太好笑了，和我說話的人會當著我的面笑到不能自己。比如說，有次我試著向髮型設計師解釋，為什麼我今天素顏，不像平時一樣有化妝，我想說的是我沒時間上妝（maquillaje），可我說出口的是我沒時間上油（mantequilla）。當她終於搞懂我想說什麼時，整個人失控大笑，完全失去平時的冷靜。我不會假裝自己沒有因為太丟臉而脹紅了臉，覺得自己很笨確實不好受，但只要想到那一刻犯的錯，等於又向目標前進了一大步，我就馬上振作了起來。

這個道理同樣適用在為自己設定的所有重大目標，失敗是不可或缺的環節，這些錯誤、甚或是上百萬個錯誤都是必經的過程，不妨趕快接受這個事實。而我的職涯發展更是再三印證了這個道理。

調整步調．永續經營

二〇二〇年初，我以為自己終於規劃好一切，知道自己能夠締造哪些成果。我建立起很不錯的客戶關係，終於找到我在 Google 工作的那些年所缺少的自由感，每天雖然充滿挑戰，卻不會覺得自己快被壓垮了。甚至還有許多公司等著要和我合作，而我也花了許多時間思考要如何擴大我的顧問工作規模，好幫助更多人但又不會增加工時。我的行事曆上已排定了整年的演講活動，也開始安排幾項個人活動，讓我可以把心力放在為長字輩領袖提供最佳化服務，以及制定影響力擴及全公司的目標。然而，新冠肺炎大流行便從天而降了。

三月十一日，我從西班牙飛往德州奧斯丁，預計要在西南偏南大會上進行第四次的演講，但大會在最後一刻取消了。更慘的是，我抵達美國後，西班牙的疫情突然急劇惡化，回程航班遭到取消，西班牙也關閉了邊境，我等於被困在美國，於是決定飛去西雅圖，和家人一起等待疫情過去。我很擔心西雅圖和西班牙親朋好友的健康與安危，因為這兩個地方都是全球最早爆發病例的熱區，好在親朋好友都平安無事，然後我開始擔心起客戶。我每天早上五點起床和歐洲客戶聯絡，然後下午再把注意力放在美國客戶身上，這一切都是在我從高中就住過的臥房內完成。

每一位客戶都覺得自己正處於生死存亡的關鍵轉向時刻，我們必須調整公司的商業策略、政策、經費開支以及辦公場所，才能勉強求生。整個世界都陷入了恐慌，沒人知道該怎麼辦。我幫客戶制定系統，讓執行長可以和員工保持連結、在需要的時候現身，即便他們也是在且戰且走，但還是要展現出領袖精神，才能安定軍心。

結果每位客戶都發現，團隊最需要的是人性化的聯繫。這些員工想要聽到有人告訴他們，目前的情況確實是糟糕透頂、令人沮喪；如果領導者試圖粉飾太平或表現得過度自信，反而會帶來反效果。

在困境中共度難關與真情流露才是凝聚團隊向心力的要素，所以提高公司內部的透明度並傳遞明確一致的訊息成了首要之務，特別是在必須做出艱難決策的時候，包括為了讓公司存活下去，只好讓員工放無薪假、甚至是解雇員工。

當我們不知道終點線在哪或該如何為未來做出最好規劃，就很難讓團隊保持動力或擬定一致的生存策略。這讓我想起我定期去上的飛輪課程，我們的固定教練叫蕾貝卡，她在上課前會跟我們清楚說明這期訓練課程為我們安排的所有挑戰。新的音樂曲目開始前，她會告訴我們，接下來要做三次三十秒的站立衝刺，每次衝刺之間會有六十秒的休息時間。由於我清楚知道休息的時間，因此可以調整步調，在衝刺期間更加要求自己。

某週蕾貝卡剛好去度假，由代課教練上課，雖然訓練內容和蕾貝卡相差無幾，但這位教練沒有事先告訴我們接下來的動作安排，所以我們就是跟著衝刺或攀升，不知道還要打拚多久才能休息。後來在查看心率監控裝置時發現，明明訓練內容都差不多，我在代課教練的課中燃燒的熱量，遠低於上蕾貝卡的課時的成果。兩者間的差別在於，我不知道接下來的安排，所以下意識想要保留力氣，不像之前一樣願意把自己逼到極限。

這就像是眼前嚴峻的疫情一樣，成立一間公司每天要面對的挑戰和健身訓練異常相似。現在沒人知道什麼時候才會恢復正常，甚至是否會有正常的一天，所以許多本來表現優異的人才，突然開始按兵不動或降低產能，部分原因是出於儲存能量的自保本能。

因為這次的代課經歷，我開始改變和客戶溝通的方式。現在當我們決定要做出重大改變前，我會設定經過審慎評估且可控制的短期衝刺目標，讓客戶預先知道接下來會發生的變化。我會花時間做好相關事前準備，然後協助客戶了解我期待他們在多長時間內做出哪些明確改變。如此一來，大家都清楚知道離抵達終點還要多久，以及需要達成的實際成果。

經過反覆驗證，這種心態轉變在整體生產力、冒險意願和挑戰困難等方面，都能帶來決定性的改變。我們不是隨時都能預測自己將如何達成遠大的成長目標，但如果想在新環境中有所成就，我們可以定下自己在當週和當月可採取的確切行動。

現在全世界的人想的都是同一件事：想辦法保障自身事業和公司未來，因此才會有按兵不動即可保證平安無事的錯誤認知。

過去幾年在世界各地工作，對我來說是一大解脫。我一點都不想念從前在加州每天花三小時通勤的生活和貴死人的房租。現在我住在離地中海兩個街區遠的地方，愛在哪工作就在哪工作；我可以自主選擇客戶、專案和工時，也比以往更加享受人生，可以把全副心力放在自己真正重視又能帶來成就感的事上。我准許自己不接任何不具挑戰性或不符合我「為什麼想做」的事，並因此擁有平衡、有成就感且持續成長的人生，這是在其他情況下都不可能實現的事。

我必須承認，在不斷追尋職涯晉升、學習及進步的過程中，我也建立了許多不健康的模式，是時候好好拔除惡習了。我一直不斷想在更重要的場合中爭取席次，因此常常自願接下任何工作，只為獲得別人注意或挖掘成長機會。雖然在職涯初期這招多數時候都非常有效，但現在我必須承認，一直當大家有事第一個求助的人，還是有些副作用。

當我成為那個不可或缺的人，有時會因為手上有太多工作，無法產出預期成果，反而讓自己陷入過勞和挫折的深淵。亞當．格蘭特（Adam Grant）是組織心理學家與華頓商學院（Wharton School）的教授，他曾說過：「如果你熱愛工作，就容易被叫去做額外的工作，甚至要犧牲睡眠和家庭時光，而且這些工作不僅無償、大材小用，更不屬於你的職責範圍。」格蘭特教授稱之為「熱忱稅」（passion tax）。我自己承認，剛入職場時大部分的時間都是我自願當熱忱稅的受害者，但現在我會開始說不了。

職涯走到了現在這個階段，我必須小心避免「過度承諾症候群」，才不會在無意間讓自己窒礙難行。我一直把目光放在長遠的事業發展，也明白在每次同意接下衝刺級專案和決定要投入的時間前，都要仔細思考相關策略。有時候這些專案是我更上一層樓的關鍵，但前提是要能盡快回到原本跑馬拉松的穩定步伐，才不會得不償失。如果你一直把自己逼到極限，終有一天會氣力放盡。因此，你要反其道而行，找出你真正渴望的事吸引你不斷前進。唯有如此才能常保動力，但又能維持體力。

「你」才是自己最寶貴的資產。

第九章

高投報夢想衝刺計畫

現在有任何機會可以讓你重新包裝自身技能，進而擴大目前的影響所及範圍嗎？心底是否有個聲音在說你可以更有成就？你人生和事業的使命是什麼？什麼是指引你想要有所學習、有所作為的終極目標？你想將自己的時間用在什麼地方？你的人生旅程中想和什麼樣的人一同前行？你可以為合作關係制定哪些新規則，讓你有機會放膽冒險，並找出對自己更有利的工作步調？從今天起，你可以對什麼事說不，留點空間去做會讓你打從心底感到滿足且可以長期做下去的事？

尋求良機：有什麼辦法可以升級並重新包裝你目前的技能，好離你的終極目標更近一步？你是否害自己成為熱忱稅的受害者？

思索對策：你可以立即採取哪些步驟實現目標？如果要重新開始，你必須排除哪些讓你分心的阻礙？你必須爭取到哪些人的同意和支持？哪些工作已成了拖累，不再有自我提升的效果？

採取行動：馬上展開重要的第一步，讓自己動力全開！

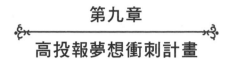

結論

我要和各位分享一個天大的秘密，這是我提升自我並踏上多采多姿冒險旅程的訣竅。賭注愈大、執行起來愈容易。我沒騙你！我有次和弟弟瑞德（Reed）與妹妹艾琳（Erin）一起去高空跳傘，慶祝他們生日（都在六月，而且只差了一個星期）。我之前試過高空彈跳，恨透了那次經驗的分分秒秒，我因為太害怕，根本不敢自己跨出那一步，只好充滿恐懼地拜託教練幫我，最後他不得不動手把我推下平台。我預計高空跳傘會慘烈十倍，所以我的手足費了很大的力氣才說服我加入。

到了要跳傘的那天，我一直在等待恐懼感來襲，但即使穿上了跳傘裝、觀看安全影片，甚至在簽署生死同意書時，我還是十分平靜。當我們坐在飛機上攀升到一定高度，機組人員打開了門，陪同教練帶著我們走向機門，然後我的雙腳掛在機門外面，我心中只有純粹的興奮。

我和教練跳下飛機，弟弟妹妹緊跟在後，而我完全不覺得自己在墜落，反而像在飛行。我們不斷地垂直落下，卻不覺得離地表更近了一些，所以大腦無法理解自己正在快速下墜！經過了一段看似永無止盡的自由落體，直到第一個降落傘打開，我感受到一股類似地心引力的拉力，才有一瞬間的恐懼，然後又是滿滿的刺激感。我認為事業和人生中的豪賭就像高空跳傘一樣，由於賭注太高、速度太快，而且容不下任何我可以理解的犯錯空間，因此我只感到興奮而不是害怕；就像初生之犢不畏虎一樣，一開始因為一無所知，所以毫不畏懼。如果我的某些經歷或冒險感覺起來比較像是高空彈跳，恐懼感就會突然湧現。奇怪的是，這時反而必須提高賭注和拉高目標，才能再次體驗展翅高飛的感受。我想要待在真正的高處，讓我無所畏懼。

我沒有任何刺青，如果要刺的話，我會刺上拉丁文：「Gradatim Ferociter」，也就是「步步前行、決不言退」。這句話剛好也是傑夫．貝佐斯為他的太空公司「藍色起源」所挑選的格言，不過這不是引起我共鳴的原因。這句話完美說明了我是如何選擇自己的人生和形塑自己的事業：謹慎評估、無所畏懼。如果要在我超乎預期的人生中找出任何共通點，那就是每個看似微小的時刻和決定都帶來了難以想像且意義深遠的漣漪效應。

如果我一直保持內向害羞的天性，只管自己份內的事，並遵照他人的建議生活，而不是選擇遵循心中的指南針，肯定會錯過人生中每場偉大的冒險。

我不是那種大膽無畏、無視常規或不在乎他人意見的人。儘管如此，我已學會抵抗這些外在影響，聽從心底的聲音：只要相信自己，就會有不可思議的事情發生。這就是我的秘訣，決定了人生將一事無成還是精彩萬分。

我堅信每個人在世上都有擅長的事，因為我們都有獨一無二的基因以及無可取代的個人經驗。全世界沒有人和你如出一轍，所以一定會有專屬於你的機會，讓你有機會為世界帶來無可取代的貢獻。最難的是要挺身而出、把握機會。

然而，現實是殘酷的，有時成功不光看你有多少功勞，有些人能夠脫穎而出，純粹是在對的時間出現在對的地方，更有人純粹只是運氣好。儘管如此，全世界最為有權有勢的那些大人物都有一個共通之處，他們願意全心投入，而且秉持著大無畏的精神，督促自己去實現看似不可能的遠大抱負。現實就是這樣，有好有壞。如果你認為其他人比你聰明且成功的機會比你高，所以就不願採取大膽行動，我必須跟你說，這麼想就大錯特錯了，千萬不要讓恐懼成為追求成長的絆腳石！

如果你今天下定決心要開始冒險、顛覆現狀，該怎麼做？最好的辦法是學著在挑戰困難的過程中尋找快樂，慢慢地習慣離開舒適圈的不舒適感。比起天賦才能，這些技巧反而更有機會帶你邁向長遠的成功。

邁向人生和事業的新階段後，我把目標放在所謂的登月思維上，而要走到這個境地需要大量的投資、實驗以及自信，整個過程充滿了各式各樣的恐懼、挑戰，但同時又讓我血脈賁張。大家常常問我，矽谷創業家最與眾不同的地方何在？我會說，一切都要歸功於他們獨具一格的思維模式。

我跟過的執行長都是足以顛覆世界的人，因為他們相信自己的能力、才華或潛力並非一成不變的。他們清楚知道，就算是未嘗試過的事，自己也有辦法找出解決與成功之道。他們幾乎每天都致力於顛覆、突破自我。

對這些大人物來說，勇敢逐夢就像是超能力一樣。孩子天生就有這項能力，全然相信想像和快樂的無限魔力，可以大聲說自己想成為太空人、獸醫和牛仔，絲毫不會感到丟臉或不好意思。小孩不像成人，不會根據自己不懂或沒經歷過的事來定義自己。他們學習的速度之快，任何學習軌跡都是可能的，就跟新生兒一樣，每天都是全新的一天，完全不受昨天的束縛。

而世上就是有些大人將這項能力保留了下來，充分活在相信未來有無限可能的世界中，這讓我倍感著迷且深受吸引。我覺得三生有幸，能和這些夢想家一起工作，然後在他們的啟發下親手打造自己的事業。他們都是罕見的人才，但我不認為非得是如此。不論我們目前的風險容忍度為何，一定可以採取某些行動來喚回這項與生俱來的能力。

你的人生有多少時間是待在舒適圈？我說真的，好好計算一下：你每天有多少時間是處於安全舒適的狀態、知道每項工作的流程、可以預期每個可能出現的問題，而且是每場會議中的專家？你每天平均花多少時間挑戰自己、接手從未做過的專案和工作、學習大量的全新事物，而且是每場會議中最不具權威的與會者？

多數人都希望生活中充滿自己熟悉且擅長的工作和經驗。諷刺的是這個環境看似安全，實際上卻暗藏危機，尤其是你希望人生和事業充滿冒險、影響力和成長的時候，待在舒適圈就像把自己關在親手打造的監獄之中。由於我們都渴望永保成功與平安，因此會選擇自己拿手在行的事，不過同時也喪失了在挑戰與掙扎中顛覆自我時所能感受到的自由和刺激。唯有經歷這個過程，我們才能獲得實現潛能所需的力量。那些功績赫赫的天才把多數的時間都花在突破所屬專業領域的極限，而且勇於從失敗中學習。

不論我處於人生或事業中的哪個階段，一定有可以由我來掌控方向的事情，這是我在專業工作中學到的重要道理。無助是最令人欲振乏力的感覺，你會覺得自己無能為力、無法扭轉處境。我曾數度深陷在如此絕望之中，而我之所以能走出深淵，是因為我發覺「**只有自己**」是自身和一切行動的主宰。我不能控制別人的行為，也不能控制經濟局勢、全球大流行、疾病或其他人是否會讓我失望，但我可以掌控自己對這些事件的反應。當你明白只有自己能夠主導人生軌跡時，即便在極端不確定的情況下，你也會感到怡然自得、不受桎梏。

過去五年，我人生中熟悉的一切事物幾乎都被連根拔除、重頭來過，當時我緊緊抓住以下堅如磐石的真理：

「**給自己時間。**」人生的舞台或成就沒有任何既定的年齡或時程表，你隨時都可以回去讀書、轉換職涯跑道、壯大抱負、生小孩（或不生小孩）、搬去國外或養成新習慣。只要遵從內心的指南針，就沒有錯誤的時間點。

「**走出自己的路。**」在我認識的所有人中，那些最悲慘的人做出了一切「正確」的決定，他們的父母、親友或社會都以他們為傲，但他們沒有任何決定符合自己真正想做的事、想成為的人或想體驗的旅程。你必須對自己負責，愈早下定決心愈好。

「**多做自己熱愛的事。**」我們只能活一次，因此請務必讓人生充滿快樂和有意義的事物，而且這些事物只能由你定義。你要清楚認識自己信奉的價值，然後把這些價值體現在每一天中。

「**不把批評放在心上。**」我一直遭到許多人的批評，他們誤以為我選擇事業而放棄生小孩，或一定是因為野心過大而導致婚姻失敗，卻沒想過我經歷過多少心碎時刻。我決心不再對現在的人生或曾做過的決定感到抱歉，也不想再對其他人的感受負責（這對我來說是很大的決心！）。

「**重新定義失敗。**」以某些標準來說，不管是專案、演講、婚姻、懷孕還是學術，我都跌得一塌糊塗過。儘管如此，正因為經歷了這些失敗，我才能從中獲得了力量和同理心，並成為更好的人；即便可以回到過去、重新來過，我還是會踏上一樣的路。

「**歡迎意料之外的變化。**」我的人生引領我離開了夢幻工作、家園、國家、語言以及我在地球上擁有的大部分事物，只為了追尋真正的幸福。我不得不用全新的觀點去看待這個世界，唯有如此才能找出未來的道路。只要在放手一搏前謹慎評估風險，並相信自己即便陷入困境還是能想出辦法，你也可以勇敢走出舉世無雙的道路。

「**活在當下。**」如果我沒有在看似平凡的日常中，隨時留心身邊的人事物和各種挑戰，便可能錯過許多最為重要的人生課題。靈感和智慧通常都是悄然而至，所以你必須完全活在當下，不要一直想著未來或遙不可及之事。觀察和學習是環環相扣的。

「**向卓越不凡看齊。**」尋找能夠挑戰、提升、激勵且重視你的能人，千萬不要安於現狀。這些人是你未來成就的最佳指標。

我希望各位讀者和我一起步步前行、決不言退，在人生這趟旅程中賭自己一把！這個世界需要的就是「**你**」！

致謝

我這一生中認識了許多影響力甚遠的人物，他們與我的人生密不可分，並形塑出現在這個遠比過去更好的我，為此我永生難忘。

首先，我要謝謝我的歷任老闆傑夫．貝佐斯、梅麗莎．梅爾和艾瑞克．施密特，謝謝你們願意冒險、給我機會加入你們偉大的旅程，我也因此有幸在亞馬遜和 Google 經歷這一切我作夢都想不到的瘋狂體驗。你們教會我的事、我們一起冒的險以及你們對我的意義有多深重，這本書只能講到九牛一毛而已。

艾瑞克．施密特，你是在工作上最懂我的人！謝謝你的信任、領導典範、願景以及教會我「有任何一絲可能就要說好！」我從沒想到我們的工作會帶我們去了全球這麼多我從未想過的地方！感謝你帶我參與了許多重要會議，和全世界最聰明絕頂的天才共處一室，而且堅持我也要有發言權。我們共事的那些年徹底改變了我人生的軌跡。衷心感謝你示範了如何做到無所畏懼、常保好奇與高瞻遠矚。

梅麗莎．梅爾，當初你相中我成為團隊的核心成員，對此我永生難忘。感謝你讓我知道要把資源投入身邊夥伴、不要等到自己可以表現完美時才接受挑戰，以及要打造世界級的優異團隊。你一直無私地分享自身的友誼、知識和影響力。你的事業發展和領導能力仍不斷帶給我啟發，真希望我們可以更常見面！謝謝你從不間斷的支持和友情！

傑夫．貝佐斯，替你工作改變了我人生的走向。你不僅帶給我諸多啟發，更以身作則、告訴我要如何安排自己的命運並追求遠大的目標（你真的辦到了，飛到外太空這麼遠！）感謝你在連我自己都沒有信心的時刻，仍願意給我發光發熱的機會。你的招牌大笑將是我這輩子最喜愛的聲音之一。另外，也要謝謝你每季和我們團隊在園區外共進午餐，那些優質的共處時光是我在亞馬遜最為珍惜的回憶，也因此學到許多重要商業課題。你教會我要「**堅持不懈**」地追求自己的目標，不要受限於怕生的天性。只有你能做到這個程度！

約翰．康納斯，感謝你在亞馬遜當我的主管時，為我做的事遠超乎了職責範圍，你是我的導師、嚮導與摯友。在剛開始工作的那幾年，如果不是你花心力在我身上並全心相信我，我是不可能站穩腳步的。你告訴我要臨危不亂、相信自己並保持謙遜，還要能夠預期公司需求並用愛帶領團隊。自此之後，我一直謹遵教誨，每天善用這些處世方針和最佳做法。

潘恩・蕭爾，你是最棒的主管、啦啦隊、守護者以及 Google 最不可思議的萬能鴨媽媽，對此我深受感動！

謝謝你邀請我加入你的團隊，我們成為夥伴的時光實在太過短暫，但我很高興我們友誼長存！

我想對我的 Google 家族說，我會永遠珍惜我們共同經歷的那些瘋狂時刻，而且我完全無法想像換成和其他人走過這段旅程！另外，我想特別感謝那些成了我多年好友的產品團隊行政人員，你們是我人生中最鼓舞人心、不可或缺、幽默風趣且棒到不行的隊友。你們讓我能夠保持頭腦清醒、教會我在沒有正式職權的情況下帶領團隊，並鼓勵我更上一層樓。這趟刺激旅程有你們真好！

給我最親愛的產品工程與開發團隊（PED），你們就像是我已經失去但又好像時時都在的幻肢一樣。金・庫柏，你在艾瑞克轉任執行董事長後的第一年，義無反顧地加入我的團隊，憑一己之力救我於水深火熱之中。布萊恩・湯普森，謝謝你願意賭一把，單憑一場視訊會議面談就決定從倫敦搬來加州，很高興我們都賭對了！金和布萊恩，我從你們身上學到許多，是其他專業工作關係都無法媲美的。感謝你們耐心等待我學著成為一位真正的領袖，原諒我在過程中犯下的大小錯誤，大方和我共享你們的諸多人脈，在令人抓狂的情況下還是不忘幽默以對，以及在我生活完全失控的時候，仍是我最安全的避風港。你們是我人生中最堅定的戰友！珍妮弗·巴斯·范登（Jennifer Barth Vaden），你是紐約產品工程與開發團隊中的磐石，在壓力下總是鎮定自若並展現無比的抗壓韌性，因此我們的紐約團隊才能所向披靡，太感謝你了！編輯過程中刪去了你在紐約產品工程與開發團隊的部分，真的很抱歉！如果沒有你，我們絕對不可能撐過這趟旅程的開端，而你永遠都是團隊的一份子。

此外，我也要向哈潑柯林斯（HarperCollins）出版團隊致謝，在出版過程中的每個環節，你們都願意配合我打破慣有的出版模式，對此我感激不盡。謝謝你們把賭注押在我身上。第一次和傑夫·詹姆士（Jeff James）、莎拉·肯卓克（Sara Kendrick）以及麥特·鮑赫（Matt Baugher）會面的時候，我們在白板上寫下各式各樣的想法與靈感，最後為這本書整理出了三種構想！莎拉，謝謝你的洞見、指導和編輯，以及耐心閱讀三種完全不同版本的草稿。一開始連我自己都還在摸索，你卻能理解我的整趟旅程和想傳達的訊息。西西莉・艾克斯頓（Sicily Axton），感謝你願意用不同於以往的方式來行銷和宣傳此書，我不可能找到比你們更棒的出版團隊了！

「Folio Literary Management」公司的版權經紀人史蒂夫・特羅哈（Steve Troha），謝謝你看見我瘋狂人生故事中的潛力。我從未想過多年後，你還會記得我的故事，並向哈潑柯林斯出版社大力推薦我的名字，為我促成了這個難能可貴的機會。過去幾年來你給予我的教導、指引和友誼，其價值不可估量。當然，你本身就是個充滿驚喜的人，我很榮幸現在也可以說自己是你的朋友了。

蘿絲瑪麗・泰倫齊奧（RoseMarie Terenzio），你不只將我介紹給史蒂夫，更以共同作者的身分為我提供無數指教，此生我都會謹記在心。沒有你就沒有這本書！我很高興自己能從「Google 工作機器」變成你的密友！在紐約酷熱難耐的那個夏天以及之後的多年，不知道有多少個夜晚，都是你陪著我一起顛覆、突破自我。

薇琪・索科爾・埃文斯，你一手規劃出我現在事業舞台的完整架構，感謝你早在我徹底相信自己之前，就開始發掘、培養並指導我的才能。我何其有幸，能和你一起旅行過五大洲，在歡笑中學習，並在你的陪伴下突破自我。就連癌症也不能阻止你為我創造站上更大舞台的機會，我想不出還有誰比你更慷慨大方又思慮周到了！你鞭策我每天都成為最好的自己。

露西．布拉澤（Lucy Brazier），感謝你將我介紹給全球觀眾，指導我如何成為新創公司的創辦人，大方對我伸出友誼之手，並協助我在西班牙展開新生活。你擁有無私的領導力和無比善良的靈魂，深受全球各地的眾人愛戴，並將你視為靈感來源。祝福你一切平安！

我也要謝謝我的丈夫東尼（Toni），你總是以我為傲，支持我不斷做的更多、走的更遠，而且從不曾抱怨寫書佔去了我們太多的相處時間。你是我最愛的男人、最好的朋友，同時也是啟發人心的創業家。我從未遇到任何人和你一樣有眼光、天賦及直覺，致力於為這個世界挖掘並創造更多美好的事物。我超喜歡你！

我的爸媽格萊德（Glade）和黛咪（Tammy），你們是我最好的榜樣，教會我許多重要的人生價值觀，包括勤奮工作、無私奉獻、勇於逐夢。謝謝你們鼓勵、支持我受教育，並提供我充滿歡樂、愛和服務精神的成長環境。當然還有我的六位手足：拉德恩、坎迪絲（Candice）、艾琳、瑞德、布雷克（Blake）以及蜜凱拉（Mickayla），你們讓我在家就能獲得無盡的友誼、歡笑和愛，這是我最感激的事。不論是星期天一起吃爆米花、冰淇淋，一起在車庫排戲，一起公路旅行、數路上的牛，住在國外時彼此通信，參加畢業典禮和慶生，一起跳下飛機，參加彼此的婚禮和迎接新生兒，你們是我珍貴回憶中的核心。我以你們為榮，也以你們的成就為榮。你們給了我更多前進的動力！

基斯（Keith），這麼多年來如果沒有你長伴左右，我不可能完成人生中截至目前為止的任何成就。當我還在摸索自己想成為什麼樣的女人時，謝謝你一直擔任我最穩定的支柱。不管是事業還是生活，你是唯一見證我人生中如此多關鍵時刻的人，並給了我勇氣繼續走下去。多年前你爸為我們草擬的友誼合約，我很慶幸你不只簽了下去，而且一直信守諾言。最愛你了！

安德魯．波茲曼（Andrew Postman），謝謝你擔任我的寫作夥伴，協助我完成本書的原始版本，為我編排故事的敘事架構。你的「高投報夢想衝刺計畫」（ROI）概念後來成為最終版的主軸。在我頭腦一熱、決定自己寫整本書時，你還是願意提供資源並盡同事本分，我萬分感謝。你的編輯和深刻提問是本書順利誕生的關鍵要素。

史帝芬．李維（Steven Levy），我的整個職涯進程中一直有你傾力相助，我倍感榮幸。我們是在和 Google APM 一起去世界各地旅行時認識的，當時我從未想過有天你會為我的書寫推薦語，並成為我的播客嘉賓。你的支持和信任鼓勵了我，將這些寶貴經驗傳承給其他創業家。

史考特．杜克．科敏那斯（Scott Duke Kominers），我們一拍即合，你為我帶來了無可估量的資源。在我為本書做最後整理時，謝謝你提供的編輯、支持和洞見。你寫的推薦語和支持是我最大的榮幸。我從你身上學到了太多太多，很期待未來有更多的合作機會！

帕布洛．羅德里奎茲（Pablo Rodriguez），我住在西班牙但繼續為矽谷公司工作的過去幾年，你是唯一一位真正了解我所面臨的挑戰。謝謝你鼓勵我相信這是可以辦到的事，且魚與熊掌是可以兼得的。你的推薦語對我來說意義重大，希望日後還有更多機會與你合作全球專案。

給在我離開 Google 後找我當顧問的每位客戶，我由衷地感謝你們陪我一同學習與成長，耐心等待我摸索出如何將我在矽谷學到的經驗，傳達與轉譯成適合全球創業家的知識，不論產業和成長規模。我從你們身上學到了超乎想像的豐富經驗。

給我在「Armadillo」顧問公司的摯友克里斯、詹姆士和安迪，我萬分感激你們願意相信我。很開心你們跳脫思考框架，邀請我加入貴公司的董事會。和你們共事與來往讓我獲益良多，很期待日後還能共創更多里程碑與合作關係！

我也很感謝這輩子遇到的每位教育家，你們願意費心協助我發掘、培養和提升我的天賦才華。詹金思女士（Ms. Jenkins），八年級你教的創意寫作課讓我第一次夢想成為作家。羅恩・馬漢（Ron Mahan），謝謝你在國中時一直給我正向力量，鼓勵我相信自己有天會成為不同凡響的重要人物。華盛頓大學的克里斯汀・英格布里森教授和蘿塔・蓋弗・亞當斯（Ann-Charlotte［Lotta］Gavel Adams）教授，謝謝你們的用心教導，協助我將自身對全球政治和斯堪地那維亞學的熱忱實現在職涯發展之上，且產出的成果遠遠超越我最大膽的想望。

我想要向幾位好友致上最深的謝意，你們在我最需要朋友的時候挺身而出：黛安娜・李（Diana Ly）、雷吉・洛夫（Reggie Love）、艾絲特・桑（Esther Sun）、莫妮卡・吉納那德（Monica Gnanadev）、艾莉西斯・韋勒（Alexis Weller）、瑞德・韋勒（Rhett Weller）、泰迪・羅塞（Teddi Thosath）、妮可・山德勒（Nicole Sandler）以及席薇亞・夏維納托（Silvia Schiavinato）。你們對我的幫助永生難忘！

「Workhouse Collective」的露西（Lucy）和蓋（Guy），你們是最才華洋溢的夥伴，如果沒有你們，我最初不可能成功在西班牙成立自己的公司。謝謝你們看見我的願景、幫我設計品牌圖像、宣傳關鍵早期訊息，而且即便身邊都是多才多藝的萬事通，你們還是讓我覺得自己像搖滾巨星一樣。

潔西卡・巴代伊（Jessica Bataille），謝謝你在我寫書和重寫的過程中，和我分享你美輪美奐的辦公室。如果沒有這個專屬的寫作空間和無與倫比的地中海美景，我可能無法順利寫完這本書。謝謝你一直以來的慷慨大方和完美友誼，讓我也開始追求在人生和工作中創造美麗事物。

最後，我要向我的第一位員工蕾貝卡・霍普伍德（Rebecca Hopwood）致上無盡的謝意，謝謝你願意在我身上賭一把，成為我新創公司的頭號員工。如果沒有你，就不會有這本書、我的公司以及我在西班牙的工作成果。謝謝你願意在我創業初期的混亂人生中，奮不顧身地和我站上同一艘船，不僅幫我理出頭緒和架構，也為生活添增各種美好和歡笑。你不只能力出眾，和你共事更是全世界最好玩的事！你是我合作過才華最為出眾的其中一位人物，現在你應該已經反覆看過這本書上百萬次了，我想你一定知道這是超高的評價。你是如此的卓越不凡，很榮幸在這趟旅程中有你做伴！

我選擇勇敢：Google首位幕僚長的職涯高投報法則/安.海亞特(Ann Hiatt)著；史碩怡譯. -- 初版. -- 臺北市：大塊文化出版股份有限公司, 2022.04
308面；14.8x20公分. -- (mark ; 170)
譯自：Bet on yourself : recognize, own, and implement breakthrough opportunities
ISBN 978-626-7118-18-4(平裝)

1.CST: 職場成功法 2.CST: 領導者 3.CST: 領導理論

494.35　　　　111003446

LOCUS

LOCUS

LOCUS

LOCUS